农村劳动力培训阳光工程系列教材

畜禽养殖员

丛书主编　朱启酒　程晓仙

本册主编　张金柱

科学普及出版社

·北　京·

图书在版编目（CIP）数据

畜禽养殖员/张金柱主编. —北京：科学普及出版社，2012.4

农村劳动力培训阳光工程系列教材/朱启酒，程晓仙主编

ISBN978-7-110-07716-0

Ⅰ.①畜…　Ⅱ.①张…　Ⅲ.①畜禽—饲养管理—技术培训—教材　Ⅳ.①S815

中国版本图书馆 CIP 数据核字（2012）第 070378 号

策划编辑	吕建华　许　英
责任编辑	史若晗
责任校对	孟华英
责任印制	张建农
版式设计	鑫联必升

出　　版	科学普及出版社
发　　行	科学普及出版社发行部
地　　址	北京市海淀区中关村南大街 16 号
邮　　编	100081
发行电话	010-62173865
传　　真	010-62179148
网　　址	http://www.cspbooks.com.cn

开　　本	787mm×1092mm　1/16
字　　数	155 千字
印　　张	7.5
版　　次	2012 年 4 月第 1 版
印　　次	2012 年 4 月第 1 次印刷
印　　刷	三河市国新印装有限公司

书　　号	ISBN 978-7-110-07716-0/S·504
定　　价	22.00 元

农村劳动力培训阳光工程系列教材
编委会

序

　　为了培养一支结构合理、数量充足、素质优良的现代农业劳动者队伍，强化现代农业发展和新农村建设的人才支撑，根据农业部关于阳光工程培训工作要求，北京市农业局紧紧围绕农业发展方式转变和新农村建设的需要，认真贯彻落实中央有关文件精神，从新型职业农民培养和"三农"发展实际出发，制定了详细的实施方案，面向农业产前、产中和产后服务和农村社会管理领域的从业人员，开展动物防疫员、动物繁殖员、畜禽养殖员、植保员、蔬菜园艺工、水产养殖员、生物质气工、沼气工、沼气管理工、太阳能工、农机操作和维修工等工种的专业技能培训工作。为使培训工作有章可循，北京市农业局、北京市农民科技教育培训中心聘请有关专家编制了专业培训教材，并根据培训内容，编写出一套体例规范、内容系统、表述通俗、适宜农民需求的阳光工程培训系列教材，作为北京市农村劳动力阳光工程培训指定教材。

　　这套系列教材的出版发行，必将推动农村劳动力培训工作的规范化进程，对提高阳光工程培训质量具有重要的现实意义。由于时间紧、任务重，成书仓促，难免存在问题和不妥之处，希望广大读者批评指正。

编委会

2012 年 3 月

前　言

　　根据农业部关于农村劳动力培训阳光工程工作的指导意见和北京市农村劳动力培训阳光工程项目实施方案要求，为了更好地贯彻落实中央有关文件精神，加大新型职业农民培养工作力度，进一步做好阳光工程动物繁殖员培训工作，特组织专业技术人员编写本教材。

　　本教材主要包括畜禽的品种与生物学特性、畜禽饲养技术、畜禽繁育技术、养殖场建设与管理等四章内容，每章明确了知识目标、技能目标、思考题和实训要求。通过学习培训，使培训对象能够掌握畜禽的生长规律和饲喂方法，了解畜禽各阶段的管理模式，掌握畜禽繁育的知识和专业技能，特别是掌握目前畜禽的改良和人工授精技术。培养和造就大批懂技术、能示范的畜禽养殖从业人员。

　　教材语言精练、图文并茂，形象生动，通俗易懂，适合各类农业、农村社会化服务组织和专业合作组织中从事畜禽养殖的从业人员及适度规模生产经营的农民所使用。

编　者

2012 年 2 月

目　录

第一章 畜禽的品种与生物学特性

【知识目标】
　　1. 了解家畜、家禽的外貌与品种
　　2. 掌握常见畜禽品种的地理分布、外貌特征和生产性能。
　　3. 了解畜禽的生物学特性。
【技能目标】
　　能够根据畜禽的外貌特征，识别常见畜禽品种。

第一节　家禽的外貌与品种

　　家禽是一个范围很广的概念，它包括很多个种类，如鸡、鸭、鹅、火鸡、鸽子、鹌鹑等。这里主要介绍鸡、鸭和鹅。

　　鸡是养禽业中最常见的一种家禽。从19世纪80年代至20世纪50年代初，按国际上公认的标准品种分类法，将鸡分为四个类型：蛋用型、肉用型、兼用型和观赏型。近二三十年来，随着育种工作的进展和品种的变化，又出现了现代鸡种。现代鸡种又叫配套杂交系，它是利用科学的育种方法和手段培育出的性能优异的鸡种。按经济用途，现代鸡种分为蛋鸡系和肉鸡系。蛋鸡系是专门用于生产商品蛋鸡的配套品系，按所产蛋壳颜色分为白壳蛋鸡系、褐壳蛋鸡系和粉壳蛋鸡系。肉鸡系是专门用于生产肉用仔鸡的配套品系，它由父系和母系配套组成。

　　鸭也是养禽业中最为常见的一种家禽，它分为蛋鸭品种与肉鸭品种。

一、家禽的外貌

　　家禽的外貌是指同生理机能相适应的体躯结构状况的外在表现，它与品种、健康和生产性能有着密切的关系。在养禽生产中，通常根据外貌识别品种、辨别健康情况及判断生产性能。因此必须熟悉禽体外貌及其各部位名称。

（一）鸡的外貌

鸡体可分为头、颈、体躯、尾部、翅和腿六部分，见图1-1。

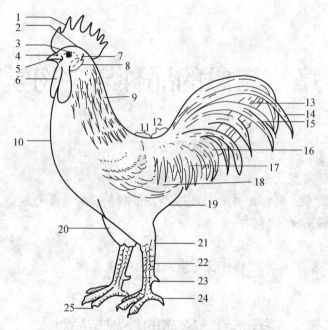

图 1-1　鸡体外貌部位名称

1—冠；2—头；3—眼；4—鼻孔；5—喙；6—肉髯；7—耳孔；8—耳叶；9—颈和颈羽；10—胸；11—背；12—腰；
13—主尾羽；14—大翘羽；15—小翘羽；16—覆尾羽；17—鞍羽；18—翼羽；19—腹；20—胫；21—飞节；
22—蹠；23—距；24—趾；25—爪

1. 头部

（1）冠。唯鸡所独有，位于头顶。按其形状主要有四种类型（图 1-2）。

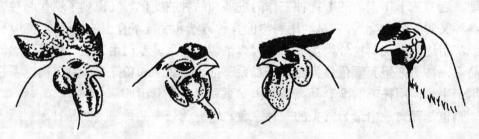

图 1-2　鸡的几种冠形

1—单冠；2—豆冠；3—玫瑰冠；4—草莓冠

　　单冠　由喙的基部至头顶后部呈单片锯齿状。单冠由冠峰、冠体和冠叶三部分构成。

　　豆冠　又称三叶冠，由三个小的单冠组成，中间一片稍高。

　　玫瑰冠　整个冠前宽后尖，前宽部分有很多小突起，像玫瑰花，后尖部分无突起，称冠尾。

　　草莓冠　与玫瑰冠相似，但冠体矮小，紧贴头顶，无冠尾，形象草莓。

　　（2）肉髯。又称肉垂，位于下颌部位，左右对称。

（3）喙。为角质化的唇，圆锥状，要求短粗稍弯曲。喙的颜色一般与脚一致，常见的有黄、白、黑、浅棕色等。

（4）鼻孔。位于喙的基部，左右对称。

（5）眼。要求圆大有神，眼睑单薄，虹彩颜色因品种而异，常见的有橙黄、淡青、黑色等。

（6）耳孔。在眼的后下方，周围有卷毛覆盖。

（7）耳叶。在耳孔的下方，椭圆形，无毛，颜色因品种而异，常见的有红色和白色两种。

（8）脸。眼的周围裸露部分，要求皮薄，毛少，无皱褶。

2. 颈部

鸡的颈较长而灵活。一般肉用型的较短粗，蛋用型的较细长。公鸡的颈羽细长，末端尖，有光泽，俗称披肩羽。

3. 体躯

体躯包括胸部、腹部、背腰部三部分。

（1）胸部。为心和肺的所在部位，要求宽深，稍向前突出，胸骨直而长为好。肉用品种要求胸肌发达。

（2）腹部。为消化器官和生殖器官的所在部位，要求容积宽大而柔软。

（3）背腰部。要求长、宽、平直，蛋用品种背腰较长，肉用品种背腰较短。生长在腰部的羽毛称为鞍羽，公鸡的鞍羽长而尖，有光泽，母鸡的鞍羽短而钝，无光泽。

4. 尾部

要求尾正而直，形状因品种类型而异，肉用型鸡尾较短，蛋用型鸡尾较长。尾根部有一对左右对称的尾脂腺，能分泌油脂润滑羽毛。尾部的羽毛又分为主尾羽和覆尾羽，主尾羽是长在尾端硬而长的羽毛，共 12 根；覆盖在主尾羽上的羽毛称覆尾羽。公鸡紧靠主尾羽的覆层羽特别发达，最长的一对叫大翘羽，较长的 3～4 对叫小翘羽。

5. 翅

要求紧扣体躯不下垂。翅上的羽毛名称为：翼前羽、翼肩羽、主翼羽、副翼羽、轴羽、覆主翼羽和覆副翼羽。鸡的主翼羽为 10 根，副翼羽一般 12～14 根不等。鸡翼羽各部位名称（图 1-3）。

6. 腿部

一般肉用品种腿较短粗，蛋用品种腿较细长。两腿间距要求较宽。腿部包括股、胫、飞节、蹠、趾和爪（通常蹠、趾和爪统称为脚）。公鸡蹠的内侧有距，母鸡尚存有退化距的痕迹。有的品种蹠的外侧有毛，个别品种有五个趾。

（二）鸭的外貌

鸭是水禽，在外貌上与鸡有很大差别，见图 1-4。

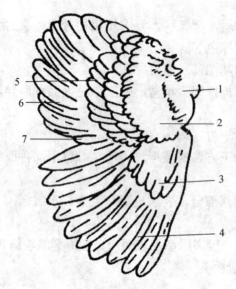

图 1-3 鸡翅各部名称

1—翼前羽；2—翼肩羽；3—覆主翼羽；4—主翼羽；5—覆副翼羽；6—副翼羽；7—轴羽

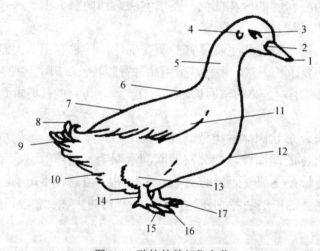

图 1-4 鸭的外貌部位名称

1—喙豆；2—鼻孔；3—眼；4—耳孔；5—颈；6—背；7—腰；8—雄性羽；9—尾羽；10—腹；

11—翅；12—胸；13—飞节；14—蹠；15—趾；16—爪；17—蹼

（1）头部。头大、无冠、无肉髯、无耳叶，脸上覆有细毛。喙长宽而扁平（俗称扁嘴），喙的内缘有锯齿，用于觅食和排水过滤食物。上喙尖端有一坚硬的豆状凸起，称为喙豆。

（2）颈部。鸭无嗉囊，食道呈袋状，称食道膨大部。一般肉用品种颈较短粗，蛋用品种颈较细长。

（3）体躯。体躯扁圆，背长而直，向后下方倾斜。成年公鸭体形似船形，母鸭体型似梯形。

（4）尾部。尾短，成年公鸭覆尾羽有2～4根向上卷起的羽毛，称为性羽。

（5）翅。翅小，覆翼羽较长，有色品种在副翼羽上有较光亮的羽毛，称镜羽。

（6）腿部。腿短，稍偏后躯。除第一趾外，其他趾间有蹼。成年公鸭蹠上无距。

（三）鹅的外貌

鹅的体型较大，与鸭同属水禽，其外貌具有以下区别于鸭的特征，见图1-5。

（1）头部。多数品种在头部前额长有肉瘤，公鹅较大，母鹅较小。喙扁阔略弯曲，较鸭喙稍短，呈铲状。有的品种在颌下长有咽袋。

（2）颈部。中国鹅颈细长，国外品种颈较短粗，弯形如弓，能灵活挺伸。

（3）体躯。成年母鹅腹部皮肤有较大的皱褶形成肉袋（俗称蛋包）。成年公鹅尾部无性羽。

（4）翅。鹅翅羽较长，常重叠交叉于背上。鹅的副翼羽上无镜羽。

（5）腿部。鹅腿粗壮有力，蹠骨较短。脚的颜色有橘红和灰黑色两种。

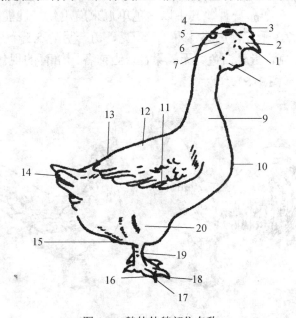

图 1-5　鹅的外貌部位名称

1—喙豆；2—鼻孔；3—肉瘤；4—头；5—眼；6—耳孔；7—脸；8—咽袋；9—颈；10—胸；11—翅；
12—背；13—腰；14—尾羽；15—腹；16—趾；17—爪；18—蹼；19—蹠；20—胫

二、家禽的品种

（一）鸡的品种

1. 地方品种

地方品种又叫地方良种，它是在育种技术水平较低的情况下培育而成的。我国土地辽阔，家禽品种资源非常丰富，列入《中国家禽品种志》的地方品种鸡就有 25 个：仙居鸡、白耳黄鸡、大骨鸡、北京油鸡、浦东鸡、寿光鸡、萧山鸡、鹿苑鸡、固始鸡、边鸡、彭县黄鸡、林甸鸡、峨眉黑鸡、静原鸡、溧阳鸡、武定鸡、桃源鸡、惠阳鸡、清远麻鸡、杏花鸡、霞烟鸡、河田鸡、茶花鸡、藏鸡、中国斗鸡等。

2. 标准品种

凡列入《美国家禽志》和《不列颠家禽标准品种志》的家禽品种，即国际上公认的家禽品种，称为标准品种。这些品种都是在 20 世纪 50 年代前育成的纯种，即经过人们有计划的杂交，系统的选育，并按育种组织制订的标准经过鉴定承认的品种。这些品种的特点是生产性能较高，体形外貌一致，但对饲养管理条件要求也高。列为世界标准品种和品变种的鸡种有 200 多个，我国鸡列为标准品种的有九斤黄鸡、狼山鸡和丝毛鸡。下面介绍几个有影响的标准品种：

（1）来航鸡。原产于意大利。因最先由意大利的来航港出口而得名，是世界上产蛋最多、分布最广的蛋用品种。按冠形（单冠、玫瑰冠）和羽色（白色、黄色、褐色、黑色等）有 12 个品变种，其中以白色单冠来航鸡生产性能最高，分布最广。成年公鸡平均体重 2.3 千克，母鸡体重 1.8 千克，初产月龄 5.5 个月，年产蛋 200 枚以上，蛋重 54～60 克，蛋壳白色，无就巢性。当前各国培育的现代鸡种中的白壳蛋鸡都来自白来航鸡（图 1-6）。

图 1-6　白来航鸡

（2）洛岛红鸡。育成于美国洛德岛州，属兼用型鸡（图 1-7），有单冠和玫瑰冠两个品变种，我国引进的是单冠洛岛红。该鸡育成曾引入我国九斤黄鸡的血液。现代鸡种褐壳蛋鸡多数是由洛岛红中培育的高产品系与其他晶系配套杂交而成，其商品代不但有优异的生产性能，而且初生雏可以通过绒毛颜色辨别雌雄。洛岛红鸡外貌的最大特点是体躯长，略似长方形，成年公鸡体重 3.6 千克，母鸡体重 2.8 千克，初产月龄 6 个月，年产蛋 170～180 枚，蛋重 56～60 克，蛋壳褐色。

图 1-7　洛岛红鸡

（3）新汉夏鸡。育成于美国新汉夏州，是从引进的洛岛红鸡经过 30 多年的选育而成的新品种，属兼用型（图 1-8）。该鸡的特点是生活能力强，羽毛生长快，性成熟早，产蛋多，蛋重大。1946 年引入我国，对改良我国地方良种起了很大作用。

该鸡体形与洛岛红鸡相似，唯体躯稍短，羽色略浅，全身羽毛黄褐色，尾羽黑色，皮肤和脚黄色，喙浅褐黄色。成年公鸡体重 3.4 千克，母鸡体重 2.7 千克，初生月龄 6 个月，年产蛋 180～200 枚，蛋重 56～60 克，蛋壳褐色。

图 1-8　新汉夏鸡

（4）芦花鸡。芦花鸡属洛克品种，兼用型，育成于美国。该鸡育成过程中，曾引入我国九斤黄鸡的血液。洛克品种按羽色、羽斑的不同有 7 个品变种，我国引进的有斑纹、浅黄和白色三个品变种，斑纹洛克在我国称为芦花鸡。芦花鸡体型椭圆，胸部丰满，生长快，肉质好。全身羽为黑白平行相间的横条斑纹，羽毛末端应为黑边，斑纹清晰一致。母鸡的黑色条纹比公鸡宽，故母鸡颜色较深，公鸡毛色较浅。喙、脚和皮肤黄色。成年公鸡体重 4.0 千克，母鸡体重 3.0 千克，初产月龄 6.5 个月年产蛋 170～180 枚，蛋重 56 克，蛋壳浅褐色（图 1-9）。

图 1-9　芦花鸡

（5）狼山鸡。产于我国江苏省南通地区，由于南通南部有座小山叫狼山，故取名狼山鸡。兼用型。1872 年首先输往英国，英国著名的奥品顿鸡含有狼山鸡的血液。在美国 1883 年承认为标准品种。

该鸡外貌特点是颈挺立，尾高耸，背短呈马鞍形，腿高颈长，胸部发达，外貌威武雄壮。

羽毛颜色有黑、白两种，以黑色居多。黑狼山鸡羽毛、喙、脚黑色，皮肤白色，蹠的外侧有毛，现经多年选育已成光腿。成年公鸡体重 2.8 千克，母鸡体重 2.3 千克，初产月龄 7～8 个月，年产蛋 160～170 枚，蛋重 55～60 克，蛋壳褐色（图 1-10）。

图 1-10　黑狼山鸡

（6）白洛克鸡。产于美国，与芦花鸡共属洛克鸡种。原属兼用型，由于它早期生长快和当时肉用仔鸡业发展的需要而育成肉用型，属大型肉用鸡种，由于产蛋较多，在现代肉用仔鸡生产中常用以做母系。

　　白洛克鸡体躯宽深，胸部丰满，腿短胫粗，颈粗尾短，体形椭圆形、肌肉发达。全身羽毛白色，喙、脚和皮肤黄色。成年公鸡体重4.3千克，母鸡体重3.4千克，初产月龄6.5个月，年产蛋150～160枚，蛋重60克，蛋壳褐色，就巢性强。雏鸡生长快，8周龄体重可达1.75千克以上（图1-11）。

图1-11　白洛克鸡

　　（7）考尼什鸡。原产英国，是世界著名的大型肉用鸡种，是由几个斗鸡品种与英国鸡杂交而育成的。羽毛颜色有好几种，但以白色为最多，在现代肉用仔鸡生产中常用以做父系。

　　白考尼什鸡头顶宽、平、长，喙粗较弯曲，豆冠，头似鹰头。肩宽、胸深、背长。骨骼粗壮，四肢强健，胸肌和腿肌特别发达。羽毛纯白，紧贴体躯，尾羽紧缩成束，向后平伸，体型酷似斗鸡。喙、脚、皮肤均为黄色。成年公鸡体重4.5千克，母鸡体重3.6千克，初产月龄7～8个月，年产蛋120枚左右，蛋重56克，蛋壳浅褐色。公鸡凶悍好斗，母鸡就巢性强。雏鸡生长快，8周龄可达1.75千克以上（图1-12）。

图1-12　白考尼什鸡

（8）丝毛鸡。又名乌骨鸡或泰和鸡。原产我国江西、福建、广东等省，现已分布国内外。在国外列为观赏品种，在国内列为药用品种，用以配制妇科中药"乌鸡白凤丸"的原料。

丝毛鸡体型小，体躯短，头小，颈短，腿矮、桑葚冠，全身羽毛白丝状，群众称之有"十全"：缨头、绿耳、胡须、毛腿、丝毛、五趾、紫冠、乌皮、乌骨、乌肉。此外，眼、喙、脚、内脏、脂肪、血液等都是乌黑色。成年公鸡体重1.25～1.5千克，母鸡体重1.0～1.25千克，初产月龄6个月，年产蛋80枚左右，蛋重40～42克，蛋壳浅褐色，就巢性强。丝毛鸡骨骼纤细，生活能力弱，育雏率低（图1-13）。

图1-13　乌骨鸡

3．现代鸡种

现代鸡种都是配套品系，是经过先进的育种方法培育出的杂交优势最强的杂交组合，其杂交而生产出的商品杂交鸡，生活能力强，生产性能高且整齐一致，适于大规模集约化饲养。对于现代鸡种，强调群体的生产性能，不重视个体的外貌特征。概括地说，现代鸡种白壳蛋鸡，体型外貌酷似单冠白来航鸡，体重较轻，母鸡体重1.5～1.7千克，开产日龄21～22周龄，入舍母鸡72周龄产蛋量260～280枚，蛋重60～62克，产蛋期料蛋比2.2～2.6。褐壳蛋鸡，体型外貌不一，体重较白壳蛋鸡略大，母鸡体重2.0～2.3千克，开产日龄22～23周龄，入舍母鸡72周龄产蛋量250～270枚，蛋重62～64克，产蛋期料蛋比2.4～2.8。肉用鸡的体型外貌差别更大，父母代种母鸡体重3.2～3.5千克，开产日龄25～26周龄，入舍母鸡66周龄产蛋量160～180枚，蛋重60～65克，每只种母鸡可提供商品雏鸡130～150只。商品代肉仔鸡8周龄体重2.7～2.8千克以上，料肉比2.0～2.2。

近些年，我国各地先后由国外引入了许多现代鸡种，肉鸡主要有：星布罗肉鸡、尼克肉鸡、罗曼肉鸡、AA肉鸡、艾维茵肉鸡、罗斯肉鸡、明星肉鸡、狄高肉鸡等；蛋鸡主要有：海兰W-36、尼克蛋鸡、巴布考克蛋鸡、海赛克斯蛋鸡、罗斯蛋鸡、迪卡蛋鸡、伊莎蛋鸡等。

我国自己也培育了一些现代鸡种，如"北京白鸡"、"滨白鸡"等。

（二）鸭的品种

（1）北京鸭。原产北京西郊玉泉山一带，已有 300 多年的历史，在 1873 年输出国外，现已遍及全世界，是世界上著名的肉用标准品种，国外不少优良鸭种都含有北京鸭的血液。

北京鸭体型硕大，体躯丰富，胸深、背宽、腹阔、头大、颈粗、腿短、翅小紧贴体躯，尾羽钝齐上翘，羽毛洁白，喙、脚橘黄色，皮肤白色稍黄。成年公、母鸭的体形外貌有明显区别：公鸭头大喙长，颈粗而长，蹠粗蹼厚，体长似船形，覆尾羽有 2～4 根向上卷起的雄性羽，叫声沙哑。母鸭头小喙短，颈细稍短，腹大下垂但不拖地，后躯比前躯发达，体躯呈梯形，叫声宏亮。成年公鸭体重 3.5 千克，母鸭体重 3.0 千克，初产月龄 5～6 月，年产蛋 180～200 枚，蛋重 90～100 克，蛋壳玉白色（图 1-14）。

北京鸭生长快、易肥育、肉质好、产蛋也多，近年来北京鸭经过选育，生长速度和产蛋性能都有显著提高，某些高产品系年产蛋可达 240 枚，经过填饲的北京鸭 8 周龄体重可达 2.75～3.0 千克以上。

（2）高邮鸭。产于江苏省高邮县，为蛋肉兼用型大型麻鸭。

高邮鸭体型大，头大喙长，颈粗而长，胸深、背阔、体长，臀部丰满，体躯长方形。公鸭头及颈上部羽毛深绿色，前胸、背、腰部为灰褐色芦花羽，腹羽色浅，臀羽及尾羽黑色，喙青绿色，脚橘红色，爪黑色。母鸭羽毛麻褐色，有深浅之分，喙青色，脚橘红色，爪黑色（图 1-15）。

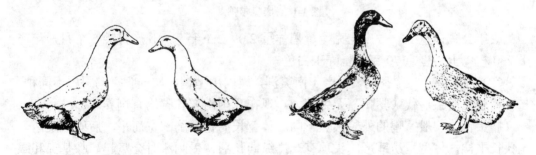

图 1-14　北京鸭　　　　　　　　　　　图 1-15　高邮鸭

成年公鸭体重 2.4 千克，母鸭体重 2.6 千克，开产月龄 4.5 个月，年产蛋 160 枚，蛋重 80 克，蛋壳多为玉白色，少数为淡青色。高邮鸭产双黄蛋较多，双黄蛋比例约占 0.3%。

（3）金定鸭。产于福建省九龙江下游的龙海县浒茂三角洲，因首先发现于该县的紫泥乡金定村，故名金定鸭。具有体型小、成熟早、产蛋多、耗料少等特点，是我国优良蛋型麻鸭品种。适宜放牧，也适宜圈养。公鸭体躯较长，胸宽背阔，头及颈上部羽毛具有翠绿色光泽，前胸红褐色，背羽灰褐色，臀羽黑色，腹羽灰白色，呈细芦花斑纹。喙黄绿色，脚橘红色，爪黑色；母鸭身体细长，头小颈细，站立和行走时躯干与地面成 45 度角，全身羽毛麻褐色，

头颈及胸腹部颜色较浅，背腰及翅羽颜色较深。喙暗褐色，脚橘红色，爪黑色。成年公母鸭体重均为 1.6 千克左右，开产月龄 3.5～4 个月，年产蛋 260～300 枚，蛋重 72 克，蛋壳青色。

此外，我国鸭种属蛋用型麻鸭的还有绍兴鸭、攸县麻鸭、荆江鸭、三穗鸭等。

（4）康贝尔鸭。育成于英国，是世界上著名的蛋用标准品种，有黑色、白色、黄褐色三个品变种，以黄褐色康贝尔鸭生产性能最佳。

黄褐色康贝尔鸭体型中等，胸深、背宽、腹部丰满。公鸭头、颈、肩、尾羽青铜色，其余羽毛黄褐色，喙绿蓝色，脚橘红色。母鸭羽毛黄褐色，喙青褐色，脚深褐色（图 1-16）。

图 1-16　康贝尔鸭

成年公鸭体重 2.3～2.5 千克，母鸭体重 2.0～2.3 千克，开产月龄 5 个月，年产蛋 260 枚以上，蛋重 70 克，蛋壳玉白色。

（5）瘤头鸭。又称番鸭，原产于南美洲，属肉用型鸭，与一般家鸭同属不同种，与家鸭杂交所生后代（骡鸭）无生殖力。现在我国南方各省均有饲养。

瘤头鸭与一般家鸭的外貌截然不同。体躯长而宽，胸部宽而平，后躯不发达，尾狭长平伸，体型呈纺锤形。头顶有一排纵向长羽，受刺激时会竖起。喙基部和眼周围有红色或黑色皮瘤，雄鸭比雌鸭发达。翅膀长达尾部，有一定飞翔能力，腿短粗壮，腿肌胸肌发达。羽色有纯黑、纯白、黑白花等多种，喙及脚有黑色、红色、橙黄色等（图 1-17）。成年公鸭体重 4.5～5.0 千克，母鸭体重 2.5～3.0 千克（我国现有瘤头鸭体重低于这个水平），开产月龄 6～9 个月，年产蛋 80～120 枚，蛋重 70～80 克，蛋壳玉白色。有就巢性，公母鸭轮换孵抱，但不善育雏。

瘤头鸭体质强健，易于饲养，用瘤头鸭与其他肉用型鸭杂交产生的杂种鸭，不但生活能力强，而且具有良好的肉用性能和肥肝性能，3 月龄以上的杂种鸭，经过 2～3 周的人工强制填饲，体重可增加 50%～60%，每只可获肥肝 300～400 克。

图 1-17　瘤头鸭

近些年来，我国从国外引进的樱桃谷鸭、狄高鸭都属北京鸭血系，外貌酷似北京鸭，具有生长快、成熟早、产蛋多、易肥育、肉质好、饲料报酬高等优点。它们适应性强，既可有水饲养，又可旱养，能在陆地上进行自然交配，故又称旱地鸭。

（三）鹅的品种

中国鹅按羽色分为白鹅和灰鹅两种，根据体重可分为大、中、小型三种。大型品种如狮头鹅，羽毛灰褐色，成年体重8～10千克。中型品种有白羽的溆浦鹅、皖西白鹅、浙江白鹅、四川白鹅；灰羽的有安徽雁鹅，成年体重5～7千克。小型鹅品种有白羽的豁眼鹅、太湖鹅；灰羽的有乌棕鹅和长乐鹅，成年体重3～4千克。现将几个主要优良鹅种介绍如下：

（1）太湖鹅。原产于江苏、浙江两省太湖地区，分布于长江流域、华东及北方各省。体型细致紧凑，羽毛紧贴，颈细长呈弓形，颌下无咽袋。全身羽毛洁白，偶在眼梢、头顶或颈背部出现少量褐色羽毛。头顶肉瘤橘黄色，喙及脚橘红色，爪白色。从外表看，公、母鹅差异不大，公鹅体态雄伟，常昂首挺胸展翅行走，肉瘤较大，叫声宏亮，母鹅肉瘤较小，叫声低沉（图1-18）。

图 1-18　太湖鹅

太湖鹅具有生长快、肉质好、产蛋多、耗料少等优点，是适于生产肉用仔鹅的优良鹅种。成年公鹅体重 4.3 千克，母鹅体重 3.2 千克，开产月龄 5.5 个月，年产蛋 60 枚，高产群可达 80～90 枚以上，平均蛋重 135 克，蛋壳白玉色。肉用仔鹅生长快，采用以放牧为主、适当补喂精料的饲养方式，70 日龄体重达 2.5 千克即可上市。

（2）豁眼鹅。又称五龙鹅、疤拉眼鹅，为白色中国鹅的小型品种，以优良的产蛋性能著称于世。原产于山东烟台地区南部的莱阳、莱西、海阳、栖霞沿五龙河流域一带。广泛分布于东北的辽宁、吉林和黑龙江三省。

豁眼鹅前额有肉质瘤，颌下偶有咽袋，上眼睑有一疤状缺口，为该品种独有的特征。颈长呈弓形。体躯较短，背宽平，胸丰满突出，前躯挺拔高抬，成年母鹅腹部丰满略下垂，偶有腹袋。全身羽毛白色，喙、瘤、脚橘红色（图 1-19）。

豁眼鹅体重变化幅度很大，公鹅为 3.7～4.6 千克，母鹅为 3.1～3.8 千克，开产月龄 7～8 个月，年产蛋 100 枚左右，蛋重 120～130 克，蛋壳玉白色。

图 1-19　豁眼鹅

（3）溆浦鹅。产于湖南省沅水支流的溆水两岸，中心产区在溆浦县郊。成年鹅体型高大，体躯稍长。公鹅头颈高昂，叫声清脆洪亮，护群性强。母鹅体型稍小，性情温顺，产蛋期间后躯丰满，腹部下垂，有腹袋。有 20% 左右的个体头上有"顶心毛"。羽毛颜色主要有白、灰两种，以白色居多数。白鹅全身羽毛白色，喙、肉瘤、脚都呈橘黄色。灰鹅颈、背、腰和尾部为灰褐色，胸、腹部呈灰白色，喙黑色，肉瘤灰黑色，脚橘红色（图 1-20）。

成年公鹅体重 5.9 千克，母鹅体重 5.3 千克，开产月龄 7 个多月，年产蛋 30 枚左右，蛋重 212 克，蛋壳多数玉白色，少数淡青色。肉用仔鹅生长快，30 日龄体重 1.5 千克，60 日龄 3.2 千克，90 日龄 4.4 千克。

图 1-20　淑浦鹅

　　（4）狮头鹅。原产广东省潮汕地区，是世界上著名的大型灰棕色鹅种。体型硕大，胸深，背阔，体躯呈方形。头大颈粗，前额黑色肉瘤发达，向前突出，覆盖于喙上。两颊有左右对称的肉瘤 1～2 对，脸部皮肤松软，眼凹陷，颌下咽袋发达，头似雄狮，故名狮头鹅。体躯背毛及翅、腿羽棕褐色，颈、背上有一纵行的深褐色羽带，全身腹面羽毛灰白色。喙短、黑色、脚橙红色（1-20）。成年公鹅体重 9 千克，母鹅体重 8 千克，开产月龄 7～8 个月，年产蛋 25～35 枚，蛋重 220 克，蛋壳白玉色。仔鹅生长快，70 日龄体重可达 6 千克。

图 1-21　狮头鹅

第二节　猪的外貌及品种

一、猪的外貌

猪的外貌参见图1-22。

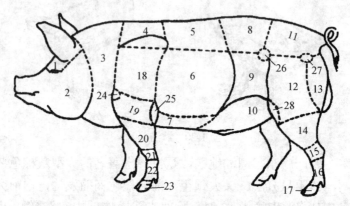

图1-22　猪体表各部位名称

1—颅部；2—面部；3—颈部；4—鬐甲；5—背部；6—胸侧部（肋部）；7—胸骨部；8—腰部；9—腹侧部；
10—腹底部；11—荐臀部；12—股部；13—股后部；14—小腿部；15—跗部；16—距部；17—趾部；
18—肩部；19—臂部；20—前臂部；21—腕部；22—掌部；23—指部；24—肩关节；
25—肘突；26—髋结节；27—髋关节；28—膝关节

二、猪的品种分类

长期的农牧业生产实践，形成了我国丰富的猪种资源。根据来源，猪种可分为地方品种、培育品种和引入品种三大类型；根据猪胴体瘦肉含量，可分为脂肪型（或脂肉型）品种、肉脂型品种和瘦肉型（肉用型）品种。多数地方型品种属于脂肪型品种，多数培育猪种属于肉脂型品种，多数引入猪种属于瘦肉型品种。

（一）主要瘦肉型猪种

从国外引入的有大约克夏（大白猪）、兰德瑞斯（长白猪）、杜洛克、汉普夏和皮特兰五大品种猪，我国自己培育的有三江白猪、浙江白猪和湖北白猪，这些猪种的共同特点是胴体瘦肉率高（57%以上）。用这些猪种作父本或母本进行经济杂交，都能提高商品猪的瘦肉产量。

1.　大约克夏猪（大白猪）

大约克夏猪18世纪在英国育成，是世界上著名的瘦肉型猪种，有较好的适应性，其主要优点是生长快，饲料利用率高，产仔多，瘦肉率高。

（1）外貌特征。体格大，体型匀称，耳直立，鼻直，四肢较高，全身被毛白色。成年公猪体重250～300千克，成年母猪230～250千克（图1-23）。

图 1-23 大约克夏猪

（2）生长肥育性能。生后 6 月龄体重可达 90～100 千克，肉料比 1∶3 左右，屠宰率 71%～73%，胴体瘦肉率 60%～65%。

（3）繁殖性能。性成熟晚，生后 5 月龄出现第一次发情，经产母猪产活仔 10 头左右。35 日龄断奶窝重 80 千克。

2. 长白猪（兰德瑞斯猪）

长白猪原产于丹麦，是世界上著名瘦肉型猪种之一。长白猪的主要特点是产仔数较多，生长发育较快，省饲料，胴体瘦肉率高，但抗逆性差，饲料营养要求较高。

（1）外貌特征。头狭长，耳向前平伸略下垂，体躯深长，结构匀称，后臀特别丰满且肌肉发达，体躯前窄后宽呈流线型，全身被毛白色。成年公猪体重达 250～300 千克，成年母猪体重 200～250 千克（图 1-24）。

图 1-24 长白猪

（2）生长肥育性能。长白猪 6 月龄体重可达 90 千克以上，日增重 500～800 克，肉料比 1∶3，屠宰率 69%～75%，胴体瘦肉率为 50%～65%。

（3）繁殖性能。性成熟较晚，公猪一般在 6 月龄时性成熟，8 月龄开始配种。母猪窝产仔数 11.5 头。35 日龄断奶平均个体重 8.5～10 千克。

3. 杜洛克猪

杜洛克猪是 19 世纪 60 年代在美国东北部育成的。其特点是体质健壮，抗逆性强，饲养条件比其他瘦肉型猪要求低，生长速度快，饲料利用率高，胴体瘦肉率高，肉质较好，性情温和。成年公猪体重为340~450千克，成年母猪体重300~390千克。在杂交利用中一般作为父本。

（1）外貌特征。全身被毛呈金黄色或棕红色，色泽深浅不一，头小清秀，嘴短而直，两耳中等大小，耳尖稍下垂。背腰在生长期呈平直状态，成年后稍呈弓形，胸宽而深，后躯肌肉丰满。四肢粗壮结实，蹄呈黑色，多直立（图1-25）。

图1-25 杜洛克猪

（2）生长肥育性能。6月龄体重可达90千克，日增重600~700克，肉料比1：2.99。在体重100千克时屠宰率75%，胴体瘦肉率61%为上。

（3）繁殖性能。性成熟较晚，母猪一般在6~7月龄、体重90~110千克时开始发情，经产母猪产仔数10头左右。

4. 汉普夏猪

汉普夏猪是美国第二个普及的猪种（薄皮猪），广泛分布于世界各地。主要特点是生长发育较快，抗逆性较强，饲料利用率较高，胴体瘦肉率较高，肉质较好，但产仔数较少。

（1）外貌特征。毛黑色，肩颈结合处有一白色带（包括肩和前肢），故又称银带猪。头中等大，嘴较长且直，耳中等大且直立。体躯较杜洛克猪稍长，背宽大略呈弓形，后躯臀部肌肉发达，体质强健，体型紧凑，成年公猪体重315~410千克，成年母猪体重250~340千克（图1-26）。

图1-26 汉普夏猪

（2）生长肥育性能。6 月龄可达 90 千克，日增重 600～700 克，肉料比 1∶3，体重达 90 千克时屠宰，其屠宰率 71%～79%，胴体瘦肉率 60% 以上。

（3）繁殖性能。性成熟较晚，母猪一般在 6～7 月龄、体重 90～110 千克时开始发情。汉普夏猪以母性强，仔猪成活率较高而著称。

5. 皮特兰猪

皮特兰猪产于比利时的邦特地区，主要特点是生长发育快，瘦肉率高（达 65% 以上）。

（1）外貌特征。毛色灰白，体躯夹有黑斑，耳中等大小，微前倾，头部清秀，颜面平直，嘴大且直。体躯呈圆柱形，肩部肌肉丰满，背直而宽大，体长 1.5～1.6 米（图 1-27）。

图 1-27　皮特兰猪

（2）生长肥育性能。6 月龄可达 100 千克，每增重 1 千克消耗配合饲料 3.0 千克以下，90 千克时屠宰，胴体瘦肉率 65% 以上。后躯占胴体 37% 以上。

（3）繁殖性能。性成熟较晚，5 月龄后公猪体重达 90 千克，母猪 6 月龄，体重达 100 千克以后配种为宜，初产母猪产仔 7 头以上，经产母猪产仔 9 头以上。该猪种体质较弱，较神经质，配种时注意观察，尤其在夏季炎热天气需注意防暑和调教。

6. 湖北白猪

湖北白猪湖北白猪原产于湖北，主要分布于华中地区。

（1）外貌特征。湖北白猪全身被毛全白，头稍轻、直长，两耳前倾或稍下垂，背腰平直，中躯较长，腹小，腿臀丰满，肢蹄结实，有效乳头 12 个以上（图 1-28）。

（2）生产性能。成年公猪体重 250～300 千克，母猪体重 200～250 千克。该品种具有瘦肉率高、肉质好、生长发育快、繁殖性能优良等特点。6 月龄公猪体重达 90 千克；25～90 千克阶段平均日增重 0.6～0.65 千克，料肉比 3.5∶1 以下，达 90 千克体重为 180 日龄，初产母猪产仔数 9.5～10.5 头，经产母猪产仔数 12 头以上，以湖北白猪为母本与杜洛克和汉普夏猪杂交均有较好的配合力，特别与杜洛克猪杂交效果明显。杜×湖杂交种一代肥育猪20～90千克体重阶段，日增重0.65～0.75千克，杂交种优势率10%，料肉比3.1～3.3∶1，胴体瘦肉率62%以上，是开展杂交利用的优良母本。

图1-28　湖北白猪

（二）主要肉脂型（兼用型）猪种

肉脂型猪的外形特点介于肉用型和脂肪型之间。胴体中肉和脂肪的比例是肉稍多于脂肪，胴体中肉的含量为45%～155%，我国大多数培育猪种属于肉脂肪型猪种。

1. 北京黑猪

用巴克夏猪、约克夏猪、苏白猪与河北定县黑猪杂交培育而成。主要特点是体型较大，生长速度较快，母猪母性好。与长白猪、杜洛克猪、大约克夏猪杂交效果好。

（1）外貌特征。头大小适中，两耳向前上方直立或平伸，面微凹，额较宽。肩颈结实，结构匀称，全身被毛呈黑色。成年公猪体重260千克左右，成年母猪220千克左右（图1-29）。

图1-29　北京黑猪

（2）肥育性能。体重20～190千克阶段，日增重600克以上，料肉比3.5～3.7∶1，体重90千克时屠宰率72%～173%，胴体瘦肉率49%～151%。

（3）繁殖性能。公猪6～17月龄，体重90～1100千克时开始配种，初产母猪每胎产 10 头，经产母猪平均每窝产 11.5 头，平均产活仔 10 头。

2. 新淮猪

新淮猪主要由约克夏和淮阴猪杂交培育而成。特点是适应性强，产仔较多，生长发育较快，杂交效果较好，在以青绿饲料为主搭配少量配合饲料的饲养条件下，饲料利用率较高。

（1）外貌特征。头稍长，嘴平直凹，耳中等大小，向前下方倾垂。背腰平直，腹稍大但不下垂，臀略斜，四肢健壮，除体躯末端有少量白斑外，其他被毛呈黑色。成年公猪体重 230～250 千克，成年母猪体重 180～190 千克（图 1-30）。

图 1-30 新淮猪

（2）生长肥育性能。2～8 月龄，日增重 490 克。体重 87 千克时屠宰，屠宰率 71%，胴体瘦肉率 45%左右。

（3）繁殖性能。公猪 103 日龄、体重 24 千克时即开始有性行为，母猪于 93 日龄、体重 21 千克时初次发情，初产母猪产活仔 9 头，经产母猪产活仔 11 头。

（三）主要脂肪型猪种

我国大多数地方品种属于脂肪型猪种，这种类型猪能生产较多的脂肪，胴体瘦肉率低，平均为 35%～44%。外貌特点是下颌多肉，皮下脂肪厚，背膘厚为 4～5cm，最厚处可达 6～7cm，体短而宽，胸深腰粗，四肢短，大臀部发育较快，体长和腰围大致相等。成熟较早，繁殖力高。我国的内江猪、民猪、太湖猪、香猪等均属此类型。

1. 内江猪

（1）产地分布。内江猪主产于四川省内江市、内江县，以内江市东兴镇一带为中心产区，历称"东乡猪"。

（2）外貌特征。内江猪被毛全黑，鬃毛粗长；头大、嘴短，额面横纹深陷，额皮正中隆起形成肉块（俗称"盖碗"），耳中等大、下垂；体格大，体质较疏松；体躯宽、深，背腰微凹，腹大、不拖地；臀部宽，稍后倾；四肢较粗壮；乳头 6～7 对；皮厚、成年种猪体侧和后腿皮肤有皱褶（俗称"瓦沟"、"套裤"）。成年母猪平均体长 142.8 厘米±0.4 厘米、胸围 122.8 厘米±0.8 厘米、体高 68.8 厘米±0.6 厘米、体重154.8千克±1.0千克；成年公猪平均体长150.4厘米±2.6厘米、胸围129.6厘米±2.6厘米、体高77.9厘米±1.2厘米、体重169.3千克±7.2千克（图1-31）。

图1-31 内江猪

（3）生产性能。平均日增重224.2克，屠宰率68.2%，腹油占胴体重6.3%，肉、脂、皮、骨占胴体重分别为47.2%、27.4%、15.8%、9.6%。每增重1千克消耗混合料、青料、粗料分别为3.5千克、4.9千克、0.1千克。

2. 荣昌猪

（1）产地分布。荣昌猪主产于四川荣昌和隆昌两县，后扩大到永川、泸县、泸州、合江、纳溪、大足、铜梁、江津、璧山、宜宾及重庆等10余县、市。

（2）外貌特征。荣昌猪体型较大，除两眼四周或头部有大小不等的黑斑外，其余皮毛均为白色，也有少数在尾根及体躯出现黑斑全身纯白的。荣昌猪头大小适中，面微凹，耳中等大、下垂，额面皱纹横行、有漩毛；体躯较长，发育匀称，背腰微凹，腹大而深，臀部稍倾斜，四肢细致、结实；鬃毛洁白、刚韧；乳头6～7对。农村中成年种公猪体重98.1千克±16.0千克，体长119.5厘米±12.3厘米，胸围103.3厘米±10.1厘米，体高67.4厘米±6.0厘米。成年种母猪体重86.8千克±1.4千克，体长123.5厘米±0.6厘米，胸围104.3厘米±0.6厘米，体高59.9厘米±0.3厘米（图1-32）。

（3）生产性能。日增重622.6克，每千克增重耗混合料3.3千克，屠宰率为69%，瘦肉率42%～46%，腿臀比例29%。

图1-32 荣昌猪

3. 东北民猪

（1）产地与特点。东北民猪是东北地区的一个古老的地方猪种，有大（大民猪）、中（二民猪）、小（荷包猪）种类型。目前除少数边远地区农村养有少量大型和小型民猪外，群众主要饲养中型民猪，东北民猪具有产仔多、肉质好、抗寒、耐粗饲的突出优点。

（2）外貌特征。全身被毛为黑色。体质强健，头中等大。面直长，耳大下垂。背腰较平、单脊，乳头7对以上。四肢粗壮，后躯斜窄，猪鬃良好，冬季密生棕红色绒毛。8月龄，公猪体重79.5千克，体长105厘米，母猪体重90.3千克，体长112厘米（图1-33）。

（3）生产性能。日增重495克，屠宰率75.6%，瘦肉率为48.5%，料肉比为4.18∶1。

图1-33　东北民猪

4. 太湖猪

（1）产地与分布。主要分布在长江下游，江苏、浙江、上陶交界的太湖流域。

（2）外貌特征。太湖猪有二花脸、梅山、枫泾、嘉兴黑、横径、米猪和沙乌头等几个类群，类群间略有差异。太湖猪体型中等，梅山猪略大，骨骼略粗，而米猪骨骼细致，其他类群介于二者之间。太湖猪头大额宽，额部皱褶多而深，耳特大下垂，被毛全黑或六白（鼻端、四蹄、尾尖）或灰色；被毛稀疏，背腰微凹，胸较深，腹大下垂，臀部较高而倾斜，乳头8对以上（图1-34）。

（3）生产性能。是世界上产仔最多的猪种，创造过窝产仔42头的纪录。

图1-34　太湖猪

第三节　牛的外貌及品种

一、奶牛的外貌特点

（一）奶牛的外貌特点

奶用牛是以产奶为主，它的外貌形态，则有别于耕牛和肉用牛。其特点是：头清秀，胸宽深，背腰平直，腹圆大而不下垂。尻部宽、长、平，四肢端正、结实。乳房大，乳腺组织发育良好。四个乳区发育均匀对称，四个乳头排列整齐，大小、长短适中，呈圆柱状，乳头间距宽。乳房皮薄柔软，被毛细短，乳静脉粗大弯曲（图1-35）。

从奶牛整体来看，皮薄骨细，被毛短细、有光泽，全身肌肉不甚发达，皮下脂肪沉积不多，体质健壮、结实，胸腹宽深，后躯和乳房发达。

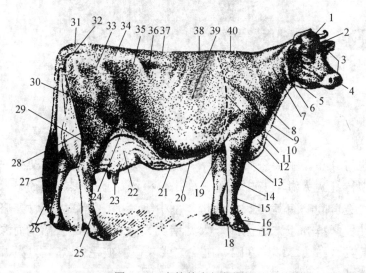

图1-35　牛的体表部位图

1—额顶；2—前额；3—面部；4—鼻镜；5—下颚；6—咽喉；7—颈部；8—肩；9—垂皮；10—胸部；11—肩后区；12—臂；13—前臂；14—前膝；15—前管；16—系部；17—蹄；18—副蹄（悬蹄）；19—肘端；20—乳井；21—乳静脉；22—乳房；23—乳头；24—后肋；25—球节；26—尾帚；27—飞节；28—后膝；29—大腿；30—乳镜；31—尾根；32—坐骨端；33—髋（臀角）；34—尻；35—腰角；36—膁；37—腰；38—背；39—胸侧；40—鬐甲

（二）肉牛的外貌特点

肉用牛的外貌特点是：头宽多肉，颈短而粗，胸宽而深，肋骨开张，多肉，鬐甲宽厚，背腰和尻部宽广。四肢短直，皮肤柔软、有弹性，全身各部位肌肉丰满，整个牛体近似长方形或圆桶状。

二、牛的品种

（一）奶牛的品种

1. 黑白花奶牛

（1）原产地。原产于荷兰，也称荷兰牛。因其毛色为黑白花片，故通称为黑白花牛。

（2）外貌特征。体型高大，结构匀称，头清秀，皮薄，皮下脂肪少，被毛细短，毛色为明显的黑白花片，后躯较前躯发达。乳房大而丰满，乳静脉粗而且弯曲。成年公牛体高143～147厘米，体重900～1200千克，母牛体高130～135厘米，体重650～750千克（图1-36）。

图1-36　黑白花奶牛

（3）生产性能。产奶量为奶用牛品种中最高。一般年平均产奶量为4500～6000千克，乳脂率3.6%～3.7%。母牛具有性情温顺，易于管理的特点，但不耐热，抗病力较弱。

2. 娟姗牛

（1）原产地。原产于英吉利海峡的娟姗岛。

（2）外貌特征。体型小，头小而清秀，额部凹陷，两眼突出，乳房发育良好，毛色为不同深浅的褐色。成年公牛体高123～130厘米，体重500～700千克，母牛体高113.5厘米，体重350～450千克（图1-37）。

（3）生产性能。一般年平均产奶量为3500千克左右，乳脂率平均为5.5%～6%，乳脂色黄而风味好。性成熟较早，一般15～16月龄便开始配种，较耐热。

图 1-37 娟姗牛

（二）肉牛品种

1. 海福特牛

（1）原产地。原产地为英国西南部的海福特县，是世界著名的中小型早熟肉用品种。

（2）外貌特征。海福特牛头短额宽，颈短厚，体躯宽深，前胸发达，肌肉丰满，四肢粗短，被毛为暗红色，有"六白"的特征，即头、颈垂、鬐甲、腹下、四肢下部及尾帚为白色（图 1-38）。

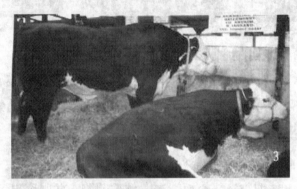

图 1-38 海福特牛

（3）生产性能。在 140 天内，平均日增重为 1.31 千克，周岁体重达 415.9 千克，540 天体重 720 千克，一般屠宰率为 60%～65%，肉质柔嫩多汁，味美可口。具有早熟、生产快、饲料利用率高、屠体瘦肉多、耐粗饲、抗病和牧饲性强、性情温顺的特点。但肢蹄不佳，公牛有跛行或单睾现象，它与本地黄牛杂交，有一定效果。

2. 夏洛来牛

（1）原产地。原产于法国的夏洛来及涅夫勒地方，以体型大、生长迅速、瘦肉多、饲料转化率高而著名。我国不少地区都有饲养。

（2）外貌特征。体型高大，毛白色或乳白色，头小而短，全身肌肉发达。成年公牛体高平均为 142 厘米，体重 1100～1200 千克，母牛体高 132 厘米，体重 700～800 千克（图 1-39）。

图 1-39 夏洛来牛

（3）生产性能。夏洛来牛产肉性能好，屠体瘦肉多，肉嫩味美。屠宰率 65%～75%，与我国本地黄牛杂交效果好。

3. 秦川牛

（1）原产地。秦川牛产于我国陕西省关中地区，与南阳牛、鲁西牛、晋南牛、延边牛共为我国黄牛五大品种。

（2）外貌特征。秦川牛属于大型役肉兼用品种。毛色有紫红、红、黄 3 种，以紫红和红色者居多。鼻镜多呈肉红色。体格大，各部位发育匀称，骨骼粗壮，肌肉丰满，体质健壮，头部方正，肩长而斜，胸部宽深，肋长而开张，背腰平直宽广，长短适中，荐骨部稍隆起。后躯发育稍差。四肢粗壮结实，两前肢间距较宽，有外弧现象，蹄叉紧（图 1-40）。

图 1-40 秦川牛

（3）生产性能。在中等饲养水平下，饲养 325 天，平均日增重公牛为 700 克，母牛 550 克，阉牛 590 克。平均屠宰率为 58.3%，净肉率为 50.5%，胴体产肉率为 86.3%，骨肉比为 1：6。肉质细嫩，柔软多汁，大理石状纹理明显。

4. 南阳牛

（1）原产地。产于我国河南省南阳地区白河和唐河流域的广大平原。

（2）外貌特征。南阳牛属大型役肉兼用品种。体格高大，肌肉发达，结构紧凑，体质结实。皮薄毛细，行动迅速。鼻镜宽，口大方正，角形较多。公牛颈侧多有皱襞，肩峰隆起8～9厘米。毛色有黄、红、草白3种，以深浅不等的黄色为最多。一般牛的面部、腹下和四肢下部毛色较浅。鼻镜多为肉红色，其中部分带有黑点，黏膜多数为淡红色。蹄壳以黄蜡色、琥珀色带血筋者较多。四肢健壮，性情温驯，役用性能良好（图1-41）。

图1-41　南阳牛

（3）生产性能。生长快，肥育效果好，肌肉丰满，肉质细嫩，颜色鲜红，大理石状纹理明显，味道鲜，肉用性能良好。杂交效果较好，杂种牛体格大，结构紧凑，体质结实，生长发育快，采食能力强，耐粗饲，适应本地生态环境，鬐甲较高，四肢较长，行动迅速，役用能力好，毛色多为黄色，具有父本的明显特征。

第四节　绵羊及山羊的品种

一、绵羊的品种

绵羊经过人工驯化、选择培育，逐渐分化形成具有独特的有益经济性状的绵羊品种。生产中要根据市场需要、绵羊的生产性能及自然环境条件来挑选合适的品种。我国绵羊品种按经济类型分为：细毛羊，如新疆羊、中国美利奴羊；粗毛羊，如蒙古羊、西藏羊；肉用羊，如小尾寒羊等。

1. 新疆羊

体格中等，骨壮坚实，全身被毛白色，公羊有螺旋形角，母羊无角。放牧能力和抗病能力较强。成年公绵羊体重98.56千克，母羊53.12千克，屠宰率50%～53%，产羔率140%（图1-42）。

2. 中国美利奴羊

净毛率高，羊毛综合品质优良。成年公绵羊体重91.8千克，剪毛量17.68千克；成年母羊体重43.1千克，剪毛量7.68千克（图1-43）。

图 1-42 新疆羊

图 1-43 中国美利奴羊

3. 蒙古羊

脂肪尾短而圆,头颈部多为黑褐色,成年公绵羊体重 50 千克,剪毛量 1.8 千克;成年母羊体重 40 千克,剪毛量 1.4 千克。屠宰率 54.44%。蒙古羊生活能力强,有较好的肉、脂生产性能,但被毛为混合型,剪毛量低(图 1-44)。

4. 西藏羊

体躯被毛多为白色,头四肢多为黑褐色。成年公羊体重 49.8 千克,剪毛量 1.42 千克;成年母羊体重 41.1 千克,剪毛量 0.97 千克。屠宰率 46%羊毛质量较高。一年产一胎,产双羔极少(图 1-45)。

5. 小尾寒羊

性成熟早,发育快,一年四季发情,一年二胎,一胎多羔,高产达 9 只,产羔率 280%。成年公绵羊体重 180 千克,母羊 130 千克。屠宰率 55%(图 1-46)。

图 1-44 蒙古羊 　　　　图 1-45 西藏羊 　　　　图 1-46 小尾寒羊

二、肉山羊品种

1. 波尔山羊

（1）产地与分布。原产于南非，属于大型肉用羊，现广泛分布于澳大利亚、新西兰、德国等地。我国 1995 年开始引进，其杂交后代增重快，产肉量高，经济效益明显。

（2）外貌特征。波尔山羊体躯呈圆桶状，眼珠棕色，鹰爪鼻，耳大下垂，颈以后被毛为白色，额端到唇端有一条白色的毛带（图 1-47）。

（3）生产性能。成年母羊体重为 60～80 千克，成年公羊体重可达 90～130 千克，屠宰率可达 60%，净肉率达 50%，杂交后代日增重可达 250～300 千克。

图 1-47　波尔山羊

2. 南江黄羊

（1）产地与分布。在四川省南江县培育而成，1996 年通过国家鉴定，成为我国培育的第一个优良肉山羊品种。

（2）外貌特征。被毛黄褐色，毛短，紧贴皮肤，内层着生绒毛，冬生春落。自枕部沿背脊有一条由粗到细的黑色毛带，四肢前缘上端生有黑而长的粗毛。公羊颜面毛色较黑，前胸、颈肩、腹部及大腿被毛深黑而长，体躯近似圆桶形，母羊大多有角，无角个体较有角个体颜面清秀（图 1-48）。

图 1-48　南江黄羊

（3）生产性能。南江黄羊母羊 6～8 个月龄，公羊 12 月龄左右可开始配种。母羊一年四季均可发情配种，年产 2 胎或 2 年产 3 胎，平均窝产羔率可达 194.62%。

南江黄羊羊肉蛋白质含量高达 20.22%，屠宰率高，产肉率高，脂肪率及含胆固醇较低，肌纤维细嫩，口味较好。

第五节　畜禽的生物学特性

一、家禽的生物学特性

（一）产蛋鸡的生物学特性

1. 雏鸡的生理特点

（1）体温的调节机能较差。初生雏的神经系统发育不健全，体温的调节机能较差，必须供给雏鸡适宜的温度，才能保证雏鸡正常的生长发育。

（2）雏鸡的消化能力差。雏鸡消化器官容积小，食量少，消化能力差，但生长快，为此雏鸡的饲料要营养全面，容易消化，少喂勤添。

（3）雏鸡抵抗疾病的能力差。雏鸡抵抗疾病的能力差，在管理中要注意保持环境清洁、卫生，加强消毒，预防疾病的发生。

2. 育成鸡的生理特点

（1）生理机能已经发育健全。鸡体各个器官的生理机能已经发育健全，体温调节、消化能力、抗病力以及对外界环境的适宜能力大大增强，在饲养管理方面可以较为粗放。

（2）保证育成鸡有中等体况。育成阶段相对生长速度减慢，脂肪沉积能力增强，育成后期容易体大过肥，影响成年后产蛋。故在饲养上要特别注意防止脂肪沉积过多，使育成鸡有个良好的产蛋体况，为成年后多产蛋打下基础。

（3）防止早开产。育成鸡阶段，鸡的骨骼、肌肉、消化器官和生殖器官生长较快。在饲养管理上应尽量促使其骨骼、肌肉、消化器官的发育，适当抑制生殖器官的发育，防止小母鸡过早开产，把性成熟控制在适当的日龄。

（二）肉仔鸡的生理特点

（1）早期生长速度快。肉仔鸡出壳体重在 40 克左右，饲养 8 周龄时体重可达 2800 克，约为出壳体重的 70 倍。

（2）生长周期短，资金周转快。肉仔鸡一般 7～8 周龄即可出售，国外 6～7 周龄时出售。第一批鸡出售后，对鸡舍进行清扫、消毒和维修，大约需要空闲 2 周左右的时间，接着饲养第二批鸡。这样每栋鸡舍一年可饲养 4～5 批肉仔鸡。

（3）耗料少，饲料转化率高。一只 2.7 千克左右的肉仔鸡消耗饲料 5.67～5.94 千克。目前，许多国家的肉仔鸡的料肉比已达 2.0∶1。从各种畜禽料肉比看，肉牛为 5.0：1，猪为 3.5：1，由此可见，肉鸡的料肉比是相当高的。

（4）饲养密度大，房舍利用率高。肉鸡不爱活动，尤其是肥育后期，体重大，活动更少，大约 70%的时间都是卧地休息。每平方米可饲养 10～12 只，如果饲养技术先进，设备优良，每平方米可养 16 只左右。

（5）肉质好，屠宰率高。肉鸡的肉质细嫩，味道鲜美，易于加工，烹调方便。鸡肉中蛋白质含量较高，脂肪含量适中，是质量较好的肉食品之一。肉鸡的屠宰率为 65%～70%，分割净肉率达 45%～50%。

（6）劳动生产率高，便于实行工厂化生产。在一般饲养条件下，地面平养每人可养2000～3000 只肉仔鸡。半机械化条件下，每人可养 3000～5000 只。在美国，由于机械化、自动化程度高，每人可养肉仔鸡8～10 万只。

（三）鸭的生活习性

（1）喜水性。鸭是水禽，喜欢在水中觅食、嬉戏和求偶交配，只是在休息和产蛋的时候才到陆地上去。

（2）耐寒性。鸭对气候的适应性比较强，一般说来，比较耐寒。冬季即使在 0℃左右的低温下，仍能在水中活动；初春就可以开始产蛋，日平均气温在 10℃时就可以有很高的产蛋率。相反，鸭比较怕热，夏季经常喜欢泡在水中，或在树荫下歇息，食欲下降，因而逐渐停产。

（3）合群性。鸭喜欢合群生活，很少单独行动，便于大群饲养，管理也比较容易。

（4）杂食性。鸭的食性很杂，各种动、植物饲料均可食用，因此容易饲养。

（5）敏感性。一方面，鸭富神经质，反应灵敏，能较好地接受训练和调教；另一方面，它性急胆小，容易受惊而相互拥挤、践踏至伤。

（6）没有就巢性。鸭经过人的长期选育，已经丧失了孵抱的本领。这样就增加了鸭产蛋的天数，而孵化和育雏就需要人工进行了。

（7）生活有规律。一天之中的觅食、嬉水、休息、交配和产蛋等都可以形成一定的规律，这种规律，一经形成就不易改变。如每天饲喂 5 次，突然改变喂 4 次了，它就会在平日喂第 5 次的时候，群集起来，呷呷大叫；要改变这种生活习惯，就要有较长时间的训练。

二、猪的生物学特性

猪的生物学特性是指猪在长期自然选择和人工选择的过程中，所形成的某些独特的本能、特征和特性。

（1）多胎高产。猪的性成熟早，我国地方猪一般在 3 月龄，培育品种和杂种猪5 月龄左右性成熟。猪是长年发情的多胎动物，一年可以繁殖两胎，若提早断奶，两年能达到 5 胎。一般我国地方猪种母猪 6～8 月龄可开始配种，妊娠期平均 114天，12 月龄时或更早可以产第一胎。经产母猪平均每胎产仔 10 头左右，有的高达

20 多头，我国浙江的太湖猪曾有一胎产仔 36 头的最高纪录。猪的利用年限也较长，我国地方猪种一般利用 5～6 年，培育品种能利用 4～5 年。

（2）经济成熟早，屠宰率高。猪的生长速度快，我国地方猪种初生重一般为 0.6～0.8 千克，国外品种和国内一些培育品种为 1～1.5 千克，30 日龄体重约为初生重的 5～6 倍，60 日龄体重一般达 10～20 千克，为 30 日龄体重的 2～3 倍。同时，经济成熟早，通过肥育，我国地方猪种和杂交猪 8～10 月龄体重能达 100 千克出栏，国外品种 6 月龄体重可达 90 千克。肥育猪的屠宰率高，屠宰率为 70%～75%。

（3）杂食性强。猪是杂食性动物。它的胃介于肉食动物的简单胃与反刍动物的复杂胃之间的中间类型。胃容量达 7～8 升，小肠长度为 16～20 米，大肠长 4～5 米。肠子的长度与体长之比，国外猪种为 13.5 倍。由于猪的杂食性强，所以能广泛利用植物性、动物性和矿物质饲料。而且采食量大，利用能力强，对饲料消化较快。

猪对精饲料有机物的消化率为 76.7%，对青草和优质干草分别为 64.6% 和 51.2%，对粗纤维的消化利用能力较差，消化率为 3%～25%。

（4）听觉和嗅觉灵敏，视觉不发达。猪的嗅觉发达，仔猪在生后几小时便能鉴别气味，母猪通过嗅觉能准确地辨别是否是自己所生的仔猪，对串圈的仔猪嗅出后会发生咬伤和咬死现象。

猪的听觉分辨能力很强，能精细鉴别声音的强度、音调和节律。因此，采用对猪呼名、各种口令和声音刺激物调教，容易养成习惯。母猪放奶前发出哼哼声，远在运动场自由活动的仔猪，能迅速听辨，及时回圈吃奶。

但是，猪的视觉很弱，对光线强弱和物体形象的分辨能力不强，分辨颜色能力也差，不靠近物体就看不见东西。

（5）对温湿度敏感。猪对环境温度和湿度的变化敏感，猪怕热，因为汗腺不发达，皮下脂肪层厚，阻止大量体内热量的散发，以及皮薄毛稀，对阳光照射的防护能力差。猪也怕冷，尤其初生仔猪，因为大脑皮层调温中枢健全，皮薄毛稀，皮下脂肪又少，所以特别怕冷。猪又怕潮湿，在高温高湿或低温高湿的环境条件下，对猪健康和增重均产生不良影响。

（6）定居漫游，群体位次明显。猪在无猪舍的情况下，能自找固定地方居住，表现出定居漫游的习性。在有猪舍的情况下，猪出外自由活动或放牧运动，能回到固定的圈舍，包括哺乳仔猪。

猪有过群居生活的习惯，合群性较强。例如同窝仔猪，当它们散开时，彼此距离不远，若受惊，会立即聚集在一起，或成群逃跑。不同窝断奶仔猪合圈喂养时，刚开始会激烈斗架，并按不同来源分小群躺卧，过几天才会形成一个群居集体。在群体中，猪的强弱位次明显，位次排列在前的猪，往往体重大，或战斗力强。

猪还有爱好清洁的习性，不在吃、睡的地方排泄粪便。猪是多相睡眠的动物，一天内活动与睡眠交替几次。

三、牛的生物学特性

1. 瘤胃消化特点

牛的瘤胃中含有大量细菌和纤毛虫，它们能消化饲料中的纤维素，为牛体提供所需能量的 60%～70%。所以，牛的日粮应以青粗饲料为主。

牛瘤胃微生物能利用饲料中的蛋白质，也可利用氨如尿素，来合成微生物体蛋白质，以供牛体蛋白质的需要。因此，一般牛对饲料中的蛋白质品质要求不严格，所以当前畜牧生产中，肉用牛、低产奶牛、犊牛和役用牛的日粮中常用尿素代替约 30%蛋白质。而高产奶牛因产奶量高，日需要蛋白质数量可达 2000 克以上，如果全靠瘤胃微生物体蛋白质是不够的，仍需供给品质较好的蛋白质饲料。

另外，成年牛瘤胃微生物能合成 B 族维生素、泛酸、生物素及维生素 K。但犊牛因瘤胃还未充分发育，若日粮中这些维生素缺乏，可能患 B 族维生素缺乏症。

2. 反刍行为

牛对食物不经仔细咀嚼就吞下，进入瘤胃后经过水分的湿润、膨胀和微生物的发酵，又重新返回口腔内细嚼，并再混入大量唾液，然后吞咽入胃，这一过程称为反刍。犊牛出生后 3 周龄，就可以出现反刍动作，但要到 6～9 月龄才能达到成年牛的反刍动作水平。反刍时间，一般一昼夜进行 6～8 次，多者达 10～16 次，总共需7～8 小时，且大部分时间在夜间进行，白天约只反刍 4～6 次。牛患病、劳累过度、饮水量不足、饲料品质不良、环境干扰等均能抑制反刍。

3. 牧食行为

牛采食不仔细，在采食牧草时，因无上门齿，用舌将草卷入口内，上腭齿板和切齿将草切断吞下。牛适宜在牧草较高的草地放牧。采食整块圆形块根块茎类饲料（如马铃薯等）时，很容易卡在食道内，危及牛的生命。牛的舌面上长有很多尖端朝后的角质刺凸出物，食物一旦被舌头卷入口中就难以吐出。所以，喂圆形块根块茎要切成片喂。如果饲草饲料中混入铁钉、铁丝异物时，就会进入瘤胃，刺破胃壁，造成创伤性胃炎，有时还会刺伤心包，引起心包炎，甚至造成死亡。因此给牛备料时应格外注意，避免铁器及其锐物混入料中。牛喜欢清洁，爱吃新鲜饲料，不爱吃长时间拱食而黏附有鼻唇镜黏液的饲料，因此喂草料时应做到少添、勤添。下槽后清扫饲槽，把剩下的草料晾干后再喂。每日采食鲜草量为其体重的 10%～14%，乳用牛以干物质计算，每头每日采食量为 8.2～12.3 千克。

4. 牛饮水量大

饮水量受多种因素影响，气温升高，需水量增加；泌乳牛需水量多，每产 1 千克奶，需水 3～4 千克；放牧饲养牛较舍饲牛需水多 1 倍。一般情况下，牛的需水量可按每千克干饲料需水 3～5 千克供给。舍饲肉牛一般每天上槽喂料 2 次，喂后下槽饮水，中午可加饮水 1 次。最好是自由饮水。冬天应饮温水（不宜低于 10℃）以促进采食、消化吸收并减少体温散失，以利于增重。

5．群体行为

牛科动物在自然状况下常常是自发地组成一群，以一个老母牛为主体的"母性群体"，老母牛及其后裔和犊牛组成持久的联系。成年公牛通常是独居生活或生活在"单身群"中，只有在繁殖季节才同母牛群接触。在牛群中，常有一头是"首领"牛，例如当母牛走向挤奶厅时，排列在牛群前头的就是"首领"牛，它们的先后顺序是严格的，许多活动总是"首领"牛先动作，其他牛才跟着动作起来。放牧时，牛喜欢结成小帮（3～5）头活动。

6．排泄行为

牛类是到处随意排粪的动物，并且常躺卧在被粪尿污染的地方。因此放牧地上牛集中过夜的地方，或牛棚就是牛粪堆集之地。牛在运步或躺下时虽然也排粪，但主要是站立时，特别是在躺卧后刚起立时排粪。母牛在运步中不能排尿，躺卧也很少见到排尿。

7．牛对环境的适应性

牛有较强的适应外界环境的能力。未经改良的某些牛如牦牛，只适应在海拔3000米以上的高寒地带。水牛则比较能适应潮湿、低洼地区。从国外或外地引入的良种牛，只要自然环境条件与本地区相类似，就能较快适应新的生活条件。在生产中须积极创造条件，改善饲养环境，加强引进牛或易地育肥牛适应性锻炼，使之在短时间内适应当地条件。肉牛散热机能不发达，较耐寒，不耐热，当环境温度上升超过27℃时影响牛的食欲，采食量减少。环境温度从10℃逐渐降低时，可使牛对干物质的采食量增加5%～10%，温度过低也会影响增重，浪费饲料。所以，要注意冬季保暖、夏季防暑，牛舍内10～15℃为宜。夏季放牧时以夜牧为主，冬天则宜舍饲。

8．牛对外界刺激的反应

牛的性情温驯，只要经过合理调教，细心管理，一般都比较驯顺，但若经常粗暴对待，则可导致顶人、踢人等恶癖。因此，对牛不要打骂、恫吓，最好每天刷拭牛体，这样不仅可保持皮肤清洁、预防皮肤病，促进血液循环和新陈代谢，还能培养牛对人的感情，使牛更温顺，利于管理和育肥。牛的鼻镜感觉最灵敏，给牛套上鼻环或用手指、鼻钳子挟住鼻中隔时就能驯服它。

四、羊的生物学特性

（一）绵羊的生物学特性

（1）反刍行为。有四个胃室，叫做复胃，羊的复胃对粗纤维的消化能力强，一般可消化50%～80%的饲料。消化过程是从口腔咀嚼食物开始，到小肠吸收为止，需要3～5天。在一天内，反刍咀嚼的时间通常在7小时左右，这时候需要有安静的歇卧地方。卧下咀嚼时，如周围有骚扰或惊吓，都会使羊表现异常或疼痛，引起反刍停止，消化过程中断，使吃下去的食物滞留在第一胃室内。俗话说的"一卧一饱命难保，两卧两饱吃不好，三卧三饱生双羔"就是这个意思。绵羊的瘤胃容积约为13升，只有在胃室3/4的容积充满食物时消化过程才能正常进行。如果不喂草，只喂粮食和高蛋白质饲料，营养即是够了，由于容积不够，吃下去还是不能完全消化吸收。羊是以放牧为主的家畜，有较强的消化机能和行走能力，能边走边吃边排边粪，"羊走千里不断粪，膘从腿上来"。

（2）食草行为。绵羊有薄唇尖嘴利齿，爱啃食矮草株和零散茎叶，不爱吃高草和污草，甚至不吃自己踩过的草。

（3）绵羊合群性。绵羊合群性较强，不会轻易离群走失（离群独处的羊多为患病），平时，稍有惊动或异声，就自动集中聚拢，"领头"羊前面走，其他羊跟随后行。羊的这一特性，有利放牧，但容易混群、惊群。

（4）绵羊的性情。绵羊温顺胆小，到新的环境往往表现胆却迟疑。遇敌缺乏抵抗能力。

（5）绵羊被毛。绵羊被毛密度大，热量不易散失，怕热、怕湿。因此圈舍应干燥通风。北羊南调，一定要注意一特性。

（6）母羊的嗅觉。母羊识别羔羊靠嗅觉。利用这一特性，接羔后在母子相认过程中可用它羔顶己羔，来解决孤羔代乳。

（7）羊对饥渴和疾病的忍受能力。羊对饥渴和疾病的忍受能力较强，草料一时不足，活动还是照常，初期有病，症状不明显。因此，日常精心喂羊，细心观察很重要。羊同其他家畜不一样，即使临死前还能勉强跟群吃草，这就更需要细心管理。

（二）山羊的生物学特性

（1）山羊的生活习性和生理特点。与绵羊近似。山羊偏活泼，对外界反应灵敏，绵羊则偏沉静，对外界反应慢些。放牧时山羊容易跑散，绵羊则受"领头"羊或前面的羊影响，或是挤聚一起，越吆赶越集拢，鞭打不散。

（2）山羊的采食范围比绵羊广。比较脆硬的植物茎叶、灌木枝条、树梢枝叶都是山羊能利用的粗饲料，可占到饲料喂量的1/3。

山羊的胃肠道容积较大，按饲料干物质计算的采食量，山羊是体重的4%～7%，牛是3%。因此，山羊利用饲料转化为产品的能力比牛和绵羊高。加上山羊的嘴唇灵活，牙齿锋利，能啃低草，也能吃高枝树叶。几乎所有的草木植物茎叶和乔灌木的枝叶，甚至是手指粗的树枝。

（3）山羊行动敏捷，善登山爬岭。山羊体型干炼紧凑，轮廓分明，体高与体长相等，体型成正方形。山羊体脂肪主要沉积在腹腔和内脏器官周围，皮下脂肪少，并多分布在前躯，而绵羊脂肪主要分布在皮下、尾和肌肉层内。

（4）山羊具有合群性、抗逆能力、耐粗性、喜干燥等特性。山羊的合群性不如绵羊，山羊嗜好啃食嫩叶、嫩枝，往往影响植树造林和果树生长。为了防止山羊啃吃树皮和树芽，可采用笼头限制山羊，只能低头吃草，不能抬头啃树枝。笼头套在头上，用一皮带从笼头通过两前腿之间，与套在胸部的胸带相连。

实训一　畜禽品种识别

提供畜禽品种幻灯片、品种图谱或实物，能够根据畜禽的外貌特征，识别常见畜禽品种。

思　考　题

1. 蛋鸡、肉鸡、蛋鸭、肉鸭各有哪些优良品种？
2. 按品种分类，猪可分为哪几种类型？
3. 从国外引入的瘦肉型猪种主要有哪些？其外貌体征和生产性能如何？
4. 简述奶牛的外貌特点。
5. 常见优良的奶牛品种是什么？其生产性能如何？
6. 按经济类型分，我国绵羊品种分为哪几种类型？
7. 牛、绵羊、山羊各有哪些生物学特性？
8. 简述家禽的生物学特性。
9. 猪有哪些生物学特性？
10. 瘦肉型猪的代表品种主要有哪些？

第二章　畜禽的饲养技术

第一节　家禽的饲养

一、蛋鸡饲养

（一）雏鸡的饲养

　　根据雏鸡的生理特点和对饲养与管理条件的要求，把出壳到离温前需要人工给温的阶段，称为育雏期，一般为 0~6 周龄。

　　1. 初生雏的接运

　　运输最好用专用雏箱，也可用厚纸箱和小木箱。箱的四壁应有孔洞或缝隙。专用雏箱，每箱 100 只，并分四个格以防挤压，替代箱也要注意不能过分拥挤。装运时要注意平稳，箱之间要留有空隙，并根据季节气候做好保温、防暑、防雨、防寒等工作。运输中要注意观察雏鸡状态，每隔 0.5~1 小时查一次，防止因为闷、压、凉或日光直射而造成伤亡或继发疾病。

　　雏鸡运到育雏室后，要尽快卸车，连同雏箱一同搬到育雏舍内，稍息片刻后，便可将雏鸡轻轻放入育雏舍或育雏器内。

　　2. 饮水

　　饮水的方法是使用雏鸡饮水器，在雏鸡入舍后，即可令其饮水。最初可饮温开水，对于因长途运输发生脱水的雏鸡，可饮 1~2 天，5%~10% 的糖水。对于不会饮水的雏鸡要注意调教，方法是将其喙浸入水中一下，帮助学会。平时应每天刷洗饮水器，并定期消毒。

3. 开食和喂饲

初生雏第一次喂饲叫开食。开食要适时，过早开食雏鸡无食欲，过晚开食则影响雏鸡的成活率和以后的生长发育。实践证明，雏鸡出壳后 24~36 小时，初次饮水后 2~3 小时开食为宜。

用混合料拌潮或干粉料开食均可。开食时，有些雏鸡不知吃食，要人工训练几次，力求每只雏鸡都学会吃食。为促使雏鸡吃食和便于所有雏鸡都能同时吃到食，头几天可将饲料直接撒布在深色塑料布上，或用 60 厘米×40 厘米的开食专用料盘，每个可供 100 只雏鸡采食。以后可改用雏鸡食槽或料桶。

第 1 天根据开食时间可以喂饲 2~3 次，从第 2 天起每天可喂 6~8 次，到 4 周龄起改喂 5 次，7 周龄时改喂 4 次。食槽的高度应随雏鸡体高而调整，使槽的上缘与鸡背等高或略高于鸡背 2 厘米左右，以免鸡扒损饲料。随着雏鸡的长大，食槽和水槽型号要更换。

（二）雏鸡的管理

雏鸡管理的任务是创造适宜的环境条件，采取必要的管理技术，保证雏鸡正常生长发育，提高育雏率。

1. 温度

温度与雏鸡的体温调节、活动、采食、饮水、饲料的消化吸收、抗病能力和生长发育等，都有重要的关系，生产实践证明：适宜的温度是养好雏鸡的关键。温度过高，雏鸡食欲减退，大量失水，代谢受阻，生长发育迟缓，体质软弱，抵抗力下降，容易患感冒或感染呼吸道疾病以及诱发啄癖等。温度过低，雏鸡不爱活动，影响生长，易诱发白痢病，而且造成挤压伤亡。育雏温度还应随雏鸡的周龄增加而逐渐降低，使雏鸡逐步适应环境温度，以增强体质，切记温度不能忽高忽低。育雏适宜温度见表2-1。

表2-1 蛋用雏鸡的育雏温度

周龄	0~1	1~2	2~3	3~4	4~5	5~6
育雏器温度（℃）	35~32	32~39	29~26	26~23	23~21	21~18
育雏舍温度（℃）	24	24~21	21~18	18	18	18

育雏温度是否合适，可以看温度计，同时应通过观察鸡群的精神状态和活动表现来判断。

除测定育雏温度外，应特别注意"看雏施温"。当温度正常时，雏鸡精神活泼，食欲良好，饮水适度，羽毛光泽整齐，睡眠安静，睡姿伸展舒适，多呈伏卧式，整个育雏舍内雏鸡分布均匀。温度高时，雏鸡远离热源，常展翅站立、张口喘气、食欲不好，大量饮水，甚至引起中暑。温度低时，雏鸡近靠热源，密集成堆，绒毛耸立，身体团缩，食欲饮水均不好，睡眠不安，常发出"唧唧"叫声。

2. 湿度

湿度与鸡体内水分蒸发、体热发散和鸡舍清洁卫生密切相关。适宜的相对湿度为：1～10 日龄 60%～65%，10 日龄以后 50%～60%。为增加育雏舍内湿度，常采用在舍内放置湿草捆、水盘、湿砂盘或水蒸气等。防潮办法是加强通风换气，勤换垫料，及时清理粪便，防止水槽漏水等。

3. 换气

换气的作用是排除舍内污浊空气，换进新鲜空气，并调节舍内温度和湿度。开放式育雏舍，主要靠开启门窗，利用自然通风换气。在冬春较冷季节，为防止冷风直接吹入，在换气窗上应装钉纱布以缓解气流。密闭式鸡舍靠动力通风换气。

4. 光照

光照与雏鸡健康和发育有密切关系。

（1）光照原则。育雏、育成期的光照原则是：随着鸡龄增加，每天光照时间要保持恒定或逐渐减少，不能增加，但最少光照不能少于 8 小时。如果光照过长或逐渐增加，母鸡体大过早性成熟。

（2）光照方法。密闭式育雏舍，雏鸡。1～3 日龄，每昼夜光照 23～24 小时；光照强度为 10～20 勒克斯。4 日龄至 20 周龄，每昼夜光照 8 小时，光照强度 5～10 勒克斯，21 周龄开始过渡到产蛋期光照。为了促进生长，特别是在育成期采用适当限饲的情况下，为了使鸡的体重达到标准，将育雏开始时光照时间延长，然后采取逐渐减少的办法会获得较好的育雏效果

5. 密度

饲养密度指每平方米地面或笼底面积容纳雏鸡数。它与雏鸡的生长发育和健康等有密切关系。密度过大，闷热拥挤，影响运动，干扰饮水，造成舍内空气污浊，容易发生啄癖，发育不整齐、成活率低。密度过小，冬季不利于保温，房舍和设备利用率低，育雏成本高。育雏育成期适宜饲养密度。通常笼育时，0～1 周龄，60 只/平方米；1～3 周龄，40 只/平方米；3～6 周龄，34 只/平方米；6～11 周龄，24 只/平方米；11～20 周龄，14 只/平方米。

6. 断喙

现代化大群养鸡，为了防止啄癖和减少饲料损失，使鸡生长均匀度好，多实行断喙。

断喙一般进行两次，第一次在 6～9 日龄，第二次在 12 周龄。方法是用断喙器或烧热的手术刀以及 300 瓦以上的电烙铁均可。将上喙从鼻孔到喙尖断去 1/2，下喙断去 1/3。用断喙器断喙时，操作者一手轻握鸡雏，拇指压住头顶，食指轻压咽喉部，防止烧伤舌头，切的时候将雏鸡头向下方倾斜，便可一次同时切掉上下喙。

注意断喙时要切、烙结合，不能过快，以防出血，一般每分钟不超过 15 只，但也不能过于烧烙以免伤其深部组织造成断喙后喙过短。种用小公鸡只去喙尖，以免影响配种。断喙后要供给充足的清水，料槽中的饲料可多加一些，以便于采食。为

减少断喙引起的应激和防止出血可在断喙前后和当天,每吨饲料中加入 5～8 克维生素 K,或在饮水中加水溶性维生素 K。断喙应与接种疫苗错开进行。第二次断喙只是将第一次断喙不整齐的进行修补或新生长出的角质部分烧掉。关键是第一次断喙。一定要按要求做好。多次用过的断喙器,应注意消毒,以防传播疾病。

7. 看护

育雏期间,除了供给雏鸡完善的营养和创造良好的环境条件外,还要周密地看护,使雏鸡不受任何意外伤害。要经常注意采食、饮水情况、精神状态、检查粪便是否正常,是否有啄癖发生,饲槽、饮水器是否够用,夜间雏鸡休息时听一听有否呼吸异常音响,要时时注意天气变化,随时按要求调整温湿度和通风换气,防止感冒。特别要注意夜间值班,防止野兽、老鼠等危害鸡群。

另外,还要严格执行消毒、防疫制度,做好疾病预防工作,防止发病。

(三)育成鸡的饲养管理

1. 育成鸡的饲养

根据育成鸡的生理特点和生产目的,调整饲料组成,适当控制饲料给量和锻炼其体质发育是育成鸡饲养的主要技术工作。

(1)逐渐降低能量、蛋白质等营养的供给水平。育成期如果仍然供给育雏期的饲料,就会使鸡发育过快、过肥,将会导致成年后的生产性能和种用价值降低。所以,育成期应随着育成鸡的生长,逐步降低饲料中的蛋白质、能量等营养水平,保证维生素和微量元素的供给。减少饲料中蛋白质、能量的原因是,由于采食量与日俱增,每天的蛋白质摄入量就会增加,如果饲料中蛋白质水平不逐渐减少,就会超出实际需要量,这样不但会提高饲料成本,还会使鸡体重过大,生殖系统发育过快,提早产蛋,而影响以后生产能力的发挥。

(2)限制饲养。蛋用型鸡在育成期适当的限制饲养,其目的在于提高饲料利用效率,控制体重和适时开产。①限制饲养的作用。有些鸡种在育成期只降低饲料中蛋白质等营养物质水平仍不能控制体重增长和脂肪的沉积,采用适当地限制饲养可获得合适体重;节省饲料成本 10%～15%。②限制饲养的方法。有限时法、限量法和限质法等。限时法即限定喂饲时间,又分每天限时和每周限时(每周停喂一天或两天)。限量法即限制饲料的供给量,是蛋用鸡多采用的方法,一般限制自由采食量的 10%,多与限时法结合使用。限质法即限制饲料的质量;而不限制采食量,由于这种方法是打破饲料的营养平衡,掌握不好易使鸡体质太差,一般不采用。

2. 育成鸡的管理

(1)脱温。随着鸡体增长,到 6 周龄时各种生理机能已经健全,羽毛长齐,对外界温度变化适应能力增强,要逐步停止给温,以利于更好地生长发育。一般早春育雏可在 6 周龄脱温,晚春、初夏育雏 3～4 周龄即可脱温。脱温要有个过渡时期,使鸡群逐步适应,不能突然停止给温,开始时可以白天停温,夜晚给温,晴天停温,阴雨天给温，并逐渐减少每天给温时间，最后约 1 周左右完全脱温。脱温期间饲养人员要注意观察鸡群，特别是夜间和阴雨天应严密观察，防止挤堆压死，保证脱温安全。

（2）上栖架。地面平养时，随着脱温要训练鸡上栖架，上栖架不但有利于鸡体健康，而且可以防止鸡群挤堆造成伤亡。

（3）转笼或下笼。笼育的幼雏进入育成期后，要转入中雏笼或改为平养，以利于发育。刚转笼或下笼的鸡不习惯新的环境，需要几天的适应时间，所以最初几天应加强看护，当天晚上不要关灯，以防因环境变化，挤堆造成死亡。

（4）日常管理。①体重与体尺的称测。为了掌握雏鸡的发育情况，应定期随机抽测 5%～10%的雏鸡体重和蹠长，与本鸡种标准比较，如发现有较大差别时，应及时修订饲养管理措施。②做好卫生防疫工作。为了防止疾病发生，除按期接种疫苗、预防性投药、驱虫外，要加强日常卫生管理，经常清扫鸡舍，更换垫料，加强通风换气，疏散密度，严格消毒等。③保持环境安静稳定，尽量减缓或避免应激。由于生殖器官的发育，特别是在育成后期，鸡对环境变化的反应很敏感。在日常管理上应尽量减少干扰，保持环境安静，防止噪音，不要经常变动饲料配方和饲养人员，每天的工作程序更不能变动。调整饲料配方时要逐渐进行，一般应有 1 周的过渡期。断喙、接种疫苗、驱虫等必须执行的技术措施要谨慎安排，最好不转群、少抓鸡。④淘汰病、弱鸡。为了使鸡群整齐一致，保证鸡群健康整齐，必须注意及时淘汰病、弱鸡。除平时淘汰外，在育成期要集中两次挑选和淘汰，第 1 次在 8 周龄前后，选留发育好的，淘汰发育不全、过于弱小或有残疾的鸡。第 2 次在 20 周龄前后，或结合转群时进行，挑选外貌结构良好的，淘汰不符合品种特征和过于消瘦的个体。

（5）开产前的管理。①转群。如果育成期和产蛋期不在同一舍，应在鸡开产前及时转群，使鸡有足够时间熟悉和适应新的环境，以减少因环境变化给开产带来的不良影响。蛋用型鸡一般在 17～18 周龄时转群。转群当时应在鸡正好休息时间内，不要在刚刚吃完料后或喂饲前进行。为减少惊扰鸡群，可在夜间进行，将鸡舍灯泡换小瓦数或绿色灯泡，使光线变暗，或白天将门窗遮挡好，以便于抓鸡，捉鸡时要抓两腿，轻抓轻放。转群后的 1～2 周应做好向产蛋期过渡工作。②设置足够的产蛋箱。实行平养的鸡在开产前必须准备好产蛋箱，否则会造成窝外蛋增多。

（四）产蛋鸡的饲养管理

鸡群从开始产蛋到淘汰的期间叫做产蛋期。一般多指 21～72 周龄。

1. 产蛋鸡的生理特点和产蛋规律

（1）产蛋鸡的生理特点。①开产后身体尚在发育。刚进入产蛋期的母鸡，虽然性已成熟，开始产蛋，但身体还没有发育完全，体重仍在继续增长，开产后 20 周，约达 40 周龄时生长发育基本停止，体重增长极少，40 周龄后体重增加多为脂肪积蓄。②产蛋鸡富于神经质，对于环境变化非常敏感。母鸡产蛋期间对于饲料配方变化；饲喂设备改换；环境温度、湿度、通风、光照、密度的改变；饲养人员和日常管理程序等的变换以及其他应激因素等，都会对产蛋产生不良影响，影响鸡的生产潜力充分发挥。③换羽的特性。母鸡经一个产蛋期以后，便自然换羽。从开始换羽到新羽长齐，一般需 2～4 个月的时间。换羽期间因卵巢机能减退，雌激素分泌减少而停止产蛋。换羽后的鸡又开始产蛋，但产蛋率较第一个产蛋年降低 10%～15%，蛋重提高 6%～7%，饲料效率降低 12%左右。产蛋持续时间缩短，仅可达 34 周左右，但抗病力增强。

（2）鸡的产蛋规律。母鸡产蛋具有规律性，就年龄讲，第一年产蛋量最高，第二年和第三年每年递减 15%～20%。就第一个产蛋年讲，产蛋随着周龄的增长呈低一高一低的产蛋曲线。

根据母鸡产蛋特点，产蛋期间可划分三个时期，即始产期、主产期和终产期。

始产期：个体母鸡从产第一枚蛋到正常产蛋开始，约经 1 或 2 周为始产期。鸡群的始产期，一般是指产蛋率 5%～50%的期间，为 3～4 周。此期中，母鸡的产蛋模式不定，如：产蛋间隔时间长、双黄蛋和软壳蛋较多、一天内产一枚畸形蛋一枚正常蛋。

主产期：是母鸡产蛋年中最长的时期。此期母鸡的产蛋模式趋于正常，每只母鸡均具有自己特有的产蛋模式。产蛋率上升很快，在 27～30 周龄达产蛋高峰并持续一段时间，然后以每周 0.7%～1%的速度缓慢下降。

终产期：此期相当短，产蛋率迅速下降，直到不能产蛋为止，需 6～8 周时间。

根据母鸡产蛋期间的三个时期产蛋规律，其产蛋曲线有三个特点：即产蛋率上升快、下降平稳和不可补偿性。现代鸡种开产至产蛋高峰只需 3～4 周时间，产蛋率上升非常快；产蛋高峰过后，产蛋率下降缓慢，而且平稳，到 72 周龄淘汰时，产蛋率仍可达 60%，从产蛋高峰期算起，约经 40 多周时间，产蛋率仅下降 25%～30%；在养鸡生产中，如果由于营养、环境条件等方面因素的不良影响，导致母鸡产蛋率下降时，产蛋曲线出现下滑，恢复后，产蛋曲线不会超出标准，产蛋率下降部分不能得到补偿。

2. 产蛋鸡的饲养

（1）产蛋鸡的营养要全面。

（2）按饲养标准提供营养。

（3）饲料形式和喂饲方式。产蛋鸡饲料形式分粉料和粒料。粉料是把饲粮中全部饲料调制成粉状，然后加入维生素、微量元素等添加剂混拌均匀。粉料优点是鸡不能挑食，使鸡群都能吃到营养全面的配合饲料，适于各种类型和不同年龄的鸡。产蛋鸡的粉料不宜过细，否则易飞散损失和降低适口性。粒料指整粒的或破碎的玉米、高粱、麦粒、草籽等，适口性好，鸡喜欢采食，在消化道中存留时间较粉料长，适宜冬季傍晚最后一次喂饲。缺点是单纯喂粒料，营养不完善，在使用上应与粉料搭配。

喂饲方式主要是干粉料自由采食，多用干料桶或拉链喂料机喂饲。优点是鸡随时可吃到饲料，强弱鸡营养差距不大，节省劳力。

3. 产蛋鸡的管理

（1）注意观察鸡群。目的在于随时掌握鸡群的健康和采食状况，把握鸡群生产动态。

（2）行为活动观察。鸡采食、饮水、交配、栖息、疏理羽毛、伏窝产蛋、啼叫等行为均为正常活动。当发现有的鸡专门啄食其他鸡羽毛，或长时间呆立一隅，不吃不喝，以及冠色发紫或苍白皱缩、尾翅下垂、眼闭无神等均为不正常行为，应抓住进一步检查，找出原因，及时处理。

（3）采食饮水观察。在掌握鸡群每天采食量和饮水量的基础上，每天喂饲时应注意观察鸡群采食饮水情况。如果食欲旺盛，采食量和饮水量不断增加，预示着产蛋量将会上升，如果经常剩料，不愿饮水，或饮水过量，产蛋量可能会下降或者鸡群患病。

（4）粪便观察。以玉米、大豆饼为主体的饲料，正常粪便颜色是灰黑色或黄褐色，软硬适度，堆状或粗条状，上面覆有一层白色尿酸盐。干硬粪便是饮水不足或饲料搭配不当；过稀是饮水过多；黄色带泡沫稀便是肠炎或消化不良；绿色、白色、蛋清样稀便多为霍乱、新城疫或重肝病等重症后期；胡萝卜样血便是球虫病后期（雏鸡）；水样或白色稀便是法氏囊病（雏鸡）；产蛋鸡出现血便多是由于蛔虫、绦虫所致，有时粪便中混有虫体。茶褐色黏便是盲肠排出的正常粪便。粪便尿酸盐少说明饲料中蛋白质不足。

（5）观察鸡群。除随时注意外，应在早晨开灯、喂饲和晚上关灯后的时间仔细观察。尤其是关灯鸡休息后，听鸡的呼吸音是否正常很重要。如有甩鼻、打呼噜、喉鸣音等呼吸困难异常音响，说明鸡群已患病，应进一步诊查。

（6）保证合适的环境条件。环境条件的好坏对产蛋鸡影响很大，日常管理中应时时注意。①舍温。产蛋最适温度为 13～20℃，过高过低都对产蛋不利。②相对湿度。适宜湿度为 60%～70%，如温度合适，相对湿度在 40%～72%之间对产蛋鸡影响不大。舍内过于干燥易诱发呼吸道病；过于潮湿，鸡体污秽也易患病。保持正常湿度时应注意与舍温、通风的关系，不要造成高温高湿、低温高湿等不利条件。

二、肉鸡饲养

（一）饲养方式

肉用仔鸡的饲养方式主要有三种：

（1）垫料饲养。利用垫料饲养肉用仔鸡是目前国内外普遍采用的一种方式。优点是投资少，简单易行，管理也比较方便，胸囊肿和外伤发病率低；缺点是需要大量垫料，常因垫料质量差，更换不及时，鸡与粪便直接接触易诱发呼吸道疾病和球虫病等。垫料以刨屑、稻壳、枯松针为好，其次还可用铡短的稻草、麦秸，压扁的花生壳、玉米蕊等。垫料应清洁、松软、吸湿性强、不发霉、不结块，经常注意翻动，保持疏松、干燥、平整。

（2）网上平养。这种方式多以三角铁、钢筋或水泥梁作支架，离地 50～60 厘米高，上面铺一层铁丝网片，也可用竹排代替铁丝网片。为了减少腿病和胸囊肿病的发生，可在平网上铺一层弹性塑料网。这种饲养方式不用垫料，可提高饲养密度 25%～30%，降低劳动强度，减少了球虫病的发生。缺点是一次性投资大，养大型肉鸡胸囊肿病的发病率高。

（3）笼养。目前欧洲、美国、日本利用全塑料鸡笼，已使肉鸡笼养工艺在实践中得到应用。我国已重视饲养肉鸡笼具的研制工作。从长远的观点看，肉用仔鸡笼养是发展的必然趋势。肉鸡笼养可提高饲养密度 2～3 倍，劳动效率高，节省取暖、照明费用，不用垫料，减少了球虫病的发生，缺点是一次性投资大，对电的依赖性大。

（二）实施自由采食的饲喂方式

从第一日龄开始喂料起一直到出售，对肉用仔鸡应采用充分饲养，实行自由采食，任其能吃多少饲料就投喂多少饲料，而且想方设法让其多吃料。如：增加投料次数，炎热季节加强夜间喂料，后期注意"趟群"等。通常肉用仔鸡吃的饲料越多，长得越快，饲料利用率越高。因此，应尽可能诱使肉鸡多吃料，自始至终采用充分饲养，实行自由采食。

（三）料型

喂养肉用仔鸡比较理想的料型是前期使用破碎料，中、后期使用颗粒料。采用破碎料和颗粒饲料可提高饲料的消化率，增重速度快，减少疾病和饲料浪费。在采用粉料喂肉用仔鸡时，一般都是喂配制的干粉料，采取不断给食的方法，少给勤添，保持经常不断料。为了提高饲料的适口性，使鸡易于采食，促进食欲，在育雏的前 7～10 天可喂湿拌料，然后逐渐过渡到干粉料，这对提高育雏期的成活率，促进肉用仔鸡的早期生长速度比较有利。应注意防止湿拌料冻结或腐败变质，当饲料从一种料型转到另一种料型时，注意逐渐转变的原则，完成这种过渡有两种方法：一是在原来的饲料中混入新的饲料，混入新饲料的比例逐渐增加；二是将一些新的喂料器盛入新的饲料放入舍内，这些喂料器的数量逐日增加，盛原来饲料的喂料器则逐步减少。无论采用哪种过渡法，一般要求至少要有 3～5 天的过渡时间。

（四）喂料次数和采食位置

一般采用定量分次投料的方法，喂饲次数可按第一周龄每天 8 次，第二周龄每天 7 次，第三周龄起一直到出售，每天可饲喂 5～6 次。增加喂料次数可刺激鸡的食欲，减少饲料的浪费，但也不宜投料次数过多。否则，不仅影响鸡的休息，而且对于饲料的消化吸收和鸡的生长也不利。喂养肉用仔鸡应有足够的喂料器，可按第一周龄每 100 只鸡使用一个平底塑料盘喂湿拌料，1 周龄后可用饲槽或吊桶喂料器（20～30 只鸡一个）逐渐改为喂干粉料，应注意料槽或吊桶的边缘与鸡背等高（一般每周调整一次），以防饲料被污染或造成饲料浪费。

（五）饮水

饲养肉用仔鸡应充分供水，水质良好，保持新鲜、清洁，最初 5～7 天饮温开水，水温与室温保持一致，以后改为饮凉水。通常每采食 1 千克饲料需饮水 2～3 千克。

（六）肉用仔鸡的管理

（1）温度。养育肉用仔鸡的温度通常可参考育雏的温度，但要注意掌握温度不可偏高，特别是后期更是如此。供温标准可掌握在第一、第二天，35～33℃，以后每天降低 0.5℃左右，从第 5 周龄开始维持在 21～23℃即可。根据鸡群和天气情况，应注意"看鸡施温"，以鸡群感到舒适，采食、喝水、活动、睡眠等正常为最佳标准。切忌温度忽高忽低，寒冷季节不能使鸡受到贼风的侵袭，炎热天气应注意防暑降温。

（2）湿度。肉用仔鸡适宜的相对湿度范围是 55%～65%。最初十天可高一些，这对促进卵黄吸收和防止雏鸡脱水有利；以后相对湿度应小些，保持舍内干燥，以防垫料潮湿，引起球虫病等。

（3）通风。经常注意通风换气，鸡舍内保持空气新鲜和适当流通，使鸡免受过多氨气、硫化氢、二氧化碳的危害，这是养好肉鸡的先决条件。

（4）光照。光照的目的是延长肉仔鸡的采食时间，促进生长速度，但光线不宜过强。一般第 1 周 23 小时的光照，1 小时的黑暗；从第 2 周龄起，白天利用自然光照，夜间每次喂料、饮水时可开灯照明 0.5～1 小时，然后黑暗 2～4 小时，采用照明和黑暗交错进行的方式。光照强度的原则是由强到弱。

第二节　猪的饲养

一、各类猪群的划分

在养猪生产中，为了便于对猪的科学饲养管理、组织生产和统计汇报，对不同年龄、体重、性别和生理阶段的猪化分成各种猪群类别。目前，各地猪场普遍采用的猪群类别化分方法介绍如下：

1. 哺乳仔猪

从出生到断奶前的仔猪。一般断奶日期为 35～60 日龄。

2. 育成猪

从断奶到 4 月龄留作种用的小猪。公的称育成公猪，母的称育成母猪。

3. 后备猪

从第 5 月龄到开始配种以前留作种用的猪。公的称后备公猪，母的称后备母猪。

4. 种公猪

已正式参加配种的公猪。在良种繁殖场，又将种公猪划分为以下两类：

（1）检定公猪。指 1～2 岁配种的公猪。视其与配母猪的产仔成绩、仔猪断奶成绩，确定是否转入基础公猪群。

（2）基础公猪。经检定合格留作种用的功猪，年龄在 1.5 岁以上。

5. 种母猪

已正式参加配种产仔的母猪。在一般良种繁殖场和育种场又将种母猪划分为以下两类：

（1）检定母猪。指产仔 1～2 胎的母猪。视其配种受胎、产仔和断奶等成绩，确定是否转入基础母猪群。

（2）基础母猪。指经检定合格的 1～2 胎以上的母猪。

6. 肉猪

一般指去势后专门用来肥育作肉食用的猪。肉猪按照生长发育阶段可划分为三期：体重 20～35 千克为生长期，体重 35～60 千克为发育期，体重 60～90 千克以上为肥育期，或相应称为小猪阶段、中猪阶段和大猪阶段。

二、种公猪的饲养管理

养公猪的目的是要使公猪有良好的精液品质和配种能力，完成配种工作。用本交即直接交配的方式每头公猪可负担 20～30 头母猪的配种任务，一年可繁殖仔猪 400～600 头；用人工授精方式配种每头公猪一年可繁殖仔猪万头以上。公猪对整个猪群的影响很大，把公猪养好，猪群的质量和数量就有了保证。

养公猪的饲养管理要领是：配种是目的，营养是基础，运动是调节，精液检查是监督。

（一）公猪的精液组成和数量

公猪每次配种时射出精液 200～300 毫升，含有精子约 250 亿，在精液中精子只占 2%～5%，其他都是精清。

（二）公猪的营养需要和饲粮配合

1. 营养需要

公猪的饲粮中蛋白质含量应为 12%～14%，配种季节应增加蛋白质的喂量，饲喂动物性蛋白质饲料对提高精液品质有明显效果。蛋白质给量不足会使精液品质下降。

种公猪能量水平以每千克饲粮含消化能 12.56～13.80 兆焦为宜。长期能量水平供应过高或过低，都会造成精液品质和性欲下降，影响受胎率。

钙、磷对精液品质有显著影响，钙磷不足或缺乏会使精子发育不全，降低活力或死精增加。每千克饲粮中应含钙 0.65%，含磷 0.55%。

维生素 A、维生素 D 和维生素 E 对精液品质也有很大影响。每千克饲粮应含维生素 A 3500IU、维生素 E 9 毫克，维生素 D 200IU，如果能使公猪每天有 1～2 小时日照，也能满足对维生素 D 的需要。

2. 饲粮配合和饲喂技术

公猪的饲料以精料为主，饲粮应多样搭配。除混合精料外，还应适当喂些胡萝卜或优质青饲料。

季节配种的猪场，在配种前一个月就要提高饲养水平，比日常标准增加 20%～25%，配种期间每天可增加 2～3 个鸡蛋或其他动物性蛋白质饲料，以保证良好的精液品质。配种季节过后再逐渐恢复到标准规定的水平。冬季寒冷时饲粮的营养水平可比饲养标准提高 10%～20%。

公猪一般日喂三次，早、中、晚各一次。夏季天气炎热时，早、晚可适当延长时间。要供给公猪以充足、清洁的饮用水。最好采用自动饮水器。

公猪应当单圈喂饲，这样才能准确地调整和控制喂量，使公猪保持良好的种用状态。

3. 公猪的管理

公猪应饲养在阳光充足,通风良好的圈舍里。每头公猪占栏圈面积 3～6 平方米，圈舍构造牢固，除注意保持圈舍的清洁干燥外，对公猪的管理还要注意以下几方面：

（1）运动。运动能使猪的四肢和全身肌肉受到锻炼，增加食欲，提高性欲和精子活力，使种公猪体质健壮，精神活泼。运动不足会使公猪贪睡，肥胖，性欲降低，四肢软弱，影响配种效果。

在配种繁忙季节，应加强营养，减轻运动量；在非配种季节，可适当降低营养，增加运动量。公猪过肥应增加运动量，过瘦减轻运动量。

绝对不能将互不相识的公猪混在一起，否则会咬斗造成严重伤害。

（2）刷拭和修蹄。每天用刷子给公猪全身刷拭一、二次，可以促进血液循环，增加食欲，少得皮肤病和外寄生虫病菌。夏天可以给公猪洗澡一、二次。经常刷拭、洗澡的公猪，性情温顺，活泼健壮，性欲旺盛。

（3）防止自淫。自淫是公猪最容易发生的恶癖，是由于公猪受到不正常的性刺激，引起性冲动而自动射精，爬跨其他公猪或饲槽容易造成阴茎损伤。公猪形成自淫习惯后，体质瘦弱，性欲减退，严重时不能配种。

防止公猪发生自淫的措施是杜绝不正常的性刺激：将公猪舍建在远离母猪舍的上风方向，不让公猪见到母猪、闻到母猪的气味和听到母猪的声音；公猪应单圈饲养，防止公猪配种后带有母猪气味，引起同圈公猪爬跨。后备公猪和非配种期公猪应加大运动量或放牧时间，公猪整天被关在圈内不活动，容易发生自淫。

（4）进行精液品质检查。精液品质好坏直接影响受胎率。在配种季节到来之前20天左右，就应当对公猪精液的数量、密度、活力以及颜色、气味等精液品质进行检查。在配种期间，即使不采用人工授精，也要每隔10天检查一次精液，根据检查结果分析公猪承担的配种量是否恰当，以便及时调整配种次数、营养和运动量。

（5）建立管理制度，合理调教。公猪要有一套正规的饲养管理制度，定时饲喂、喂水、运动、休息、洗浴刷拭，合理安排配种，使公猪建立条件反射，养成良好的生活习惯，以增强体质，提高配种能力。

从公猪断奶起就要结合每天的刷拭对它进行合理的调教训练，公猪要以诱导为主，切忌粗暴乱打，使公猪对人产生敌意，养成咬人恶癖。

三、母猪的饲养管理

母猪繁殖周期，要经过空怀 发情 配种 妊娠—分娩—哺乳六个环节。母猪在每个环节都有不同的生理变化和要求，应根据这些变化给予相应的科学饲养管理。

（一）空怀母猪的饲养管理

空怀期的饲养管理，一是使青年初配母猪发育到适当的年龄和体重以便参加配种，使经产母猪保持良好的体况和膘情，保证正常的发情、排卵。二是观察母猪的发情表现。母猪一般每18～23天发情一次，平均为21天。发情持续期2～5天，平均为2.5天。交配适期应在母猪排卵前的2～4小时，在生产中，采用手压母猪背部或臀部母猪呆立不动，或用拭情公猪爬跨母猪时，母猪呆立不动，为交配适期。由于经产母猪在哺乳期体内消耗营养较多，母猪膘情急剧下降，当仔猪断奶时，就要根据体况调整母猪的日粮组成及每日供给量，使母猪保持6～8成膘。母猪过瘦或过肥，都会影响发情、排卵，造成不孕。

（二）妊娠母猪的饲养管理

母猪从妊娠至分娩（产猪）结束的整个时期为妊娠期。母猪的妊娠期一般为112～116天，平均114天。该阶段的基本任务是，保证胚胎植入和正常发育；使母猪多产健壮、活力强、出生重、大的仔猪；保持母猪有中上等的体况（7～8成膘），为哺乳期泌乳做好准备；预防流产；青年母猪还要满足自身生长发育的营养需要。

（1）合理饲养妊娠母猪。妊娠母猪从饲料中取得营养物质，首先满足胎儿生长发育，然后再供给本身需要，并为将来泌乳贮备部分营养物质。对青年母猪来说，还需要部分营养物质供给本身生长发育。如果妊娠期营养不足，不但胎儿得不到良好发育，而且还会使青年母猪发育不良，体格矮小。

妊娠母猪的饲养方式有"抓两头顾中间"、"步步高"、"前粗后精"三种饲养方式。

（2）妊娠后期的饲养管理。产前 20～30 天称怀孕后期。加强后期的饲养管理，是得到出生重、大、健壮活泼仔猪及减少死胎、弱胎的主要环节。因为仔猪出生体重的 60% 是在最后 20～30 天内生长的。

（三）哺乳母猪的饲养管理

母猪分娩前后的饲养。一般来说，体况较好的母猪，产后初期乳量过多、过稠，母猪易患乳房炎，仔猪吃后消化不良，造成下痢。故在产前 5～7 天应按日喂量的 10%～20% 减少饲料，在产仔当天，可少喂或不喂饲料，只喂给一些麸皮汤或轻泻饲料，防止母猪发生便秘。但对较瘦的母猪，产前可不减料，反而应加喂富含蛋白质的催乳料和青绿多汁饲料。

分娩后的 2～3 天内，由于母猪产后体质虚弱，代谢机能未恢复正常，所以饲料喂量不宜过多，饲量应逐渐增加，到产仔 5～7 天后才能按哺乳母猪的饲料量饲喂，但对体质较差，乳量较少的母猪，可以在产后喂给正常数量的饲料。

四、哺乳仔猪的饲养管理

（一）哺乳仔猪的生长发育和生理特点

（1）生长发育快，代谢机能旺盛。一般仔猪出生重在 1 千克左右，10 日龄时体重达出生重的 2 倍以上，30 日龄达 5～6 倍，60 日龄体重可达 15 千克以上。

（2）消化器官不发达，消化腺机能不完善。猪的消化器官在胚胎内虽已形成，但其结构和机能尚不完善，出生时它的相对重量和容积都较小，13～15 月龄才接近成年水平。

消化器官发育的晚熟，导致消化腺分泌及消化机能的不完善。新生仔猪，由于胃内不能产生盐酸，胃蛋白酶没有活性，不能消化蛋白质，特别是植物性蛋白，所以新生仔猪可以吃乳而不能利用植物性饲料。

（3）体温调节机能发育不全，对寒冷的应激能力差。新生仔猪，调节体温、适应环境的能力差，特别是生后第一天，若处在 1℃ 环境中 2 小时，仔猪因不能维持正常体温而被冻僵、冻死，故小猪怕冷。所以，对新生仔猪保温是养好仔猪的特殊护理要求。

（二）哺乳仔猪饲养管理要点

1. 抓乳食，过好初生关

固定乳头，吃好初乳。仔猪有固定乳头吸乳的习性，为了使同窝仔猪生长均匀，健壮，在仔猪出后 2～3 天内进行人工辅助固定乳头，使其吃好初乳。在母猪分娩结束后，将仔猪放在躺卧的母猪身边，让仔猪自寻乳头，待大多数找到乳头后，对个别弱小或强壮争夺乳头的仔猪再进行调整,将弱小的仔猪放在前边乳汁多的乳头上,强壮的放在后边乳头上。

2. 加强保温,防冻防压

仔猪的适宜温度随生后日龄不同而异。生后 1～3 日龄是 30～32℃,4～7 日龄是 28～30℃,15～30 日龄为 22～25℃,2～3 月龄为 22℃,成年猪为 15℃。由此可见,保温措施尤为重要。一般有以下方法:①使用 250 千瓦的红外灯给仔猪栏内供暖。②在母猪圈内或产舍内,结合仔猪补饲设置仔猪保育、补饲栏,内铺垫草防寒保温。③仔猪栏的地面下铺设加热管道,通过加热,使热水循环提高地面温度。④有条件的地区在寒冷季节产房内安装暖气,提高产房内温度。⑤在放置仔猪的地面上安装特制的电热恒温保暖板,根据仔猪对温度的要求,调节电热板的温度使其保持在设定的范围内。

3. 抓开食,过好补料关

训练仔猪吃料,称开食。母猪的泌乳量在第 3～4 周达高峰,但以后逐渐下降。而仔猪的营养需要和体重与日俱增,从第 2 周开始,母乳就不能满足仔猪体重日益增长的需要。

(1) 铁与硒的补充:①铁的补充。铁是形成血红素和肌红蛋白必需的元素,如不能及时给仔猪补铁,就会出现缺铁性贫血。一般情况下,仔猪生后 3～4 天可采用肌肉注射硫酸亚铁针剂或右旋糖酐铁等,注射量 100～150 毫克,2 周龄时再注射 1 次。②硒的补充。硒是谷胱甘肽过氧化物酶的主要组成成分,仔猪应于出生后 7 天肌肉注射 0.1%亚硒酸钠溶液(1000 毫升生理盐水中加入 1 克亚硒酸钠),每头注射 1 毫升,断奶时再注射 1 毫升。

(2) 水的补充。仔猪生长迅速,代谢旺盛,需要水量较多,5～8 周龄仔猪需要水量为其体重的 1/5,育肥猪是 1/15。猪乳中含脂肪高达 7%～10%,因此,若不及时补水,仔猪就有口渴感觉,便会饮用圈内不洁之水,给仔猪的健康造成危害。所以,一般仔猪出生后 3～5 天就开始每天供给清洁饮水。

(3) 饲料的补充。补料既能补充母乳的不足,又能刺激和促进消化系统发育,解除仔猪牙床发痒,防止下痢。仔猪开始吃食的早晚与其体质、母猪乳量、饲料的适口性及诱导训练的方法有关。一般要求仔猪 7～10 日龄开始补料。

4. 抓旺食,过好断奶关

仔猪 30 日龄后随着消化机能逐渐完善和体重的迅速增加,食量大增,进入旺食阶段。为了提高仔猪断奶重和断奶后对成年猪饲料的适应能力,应加强这一时期的补料。

(1) 补料要多样性,营养全面性。由于仔猪生长迅速,需要补饲接近母乳营养水平的全价饲料。每千克饲料中含消化能不宜少于 13807.2 千焦,粗蛋白的含量不宜少于 18%,赖氨酸的含量占日粮的 0.9%,并且要保证蛋白质的质量。

(2) 补料次数要多。仔猪胃的容积小而排空快,为满足其营养需要,可采取自由采食的饲养方式。对限制饲养仔猪，一般每天补料5～6次，其中一次放在夜间。每次采食量不宜过多，以不超过胃容积的2/3为宜。

（3）注意饲料卫生。饲喂新鲜饲料，保持食槽清洁，切忌使用发霉、变质和冰冻的饲料。

五、断乳仔猪的饲养管理

仔猪断乳的时间，应根据猪场的性质、仔猪用途及体质、母猪的利用强度及饲养条件而定。

（一）断乳方法

断乳应激对仔猪影响很大，所以在断乳方法上需缓慢进行，一般有2种方法：

（1）一次断乳（也称果断断乳法）。当仔猪达到预定断乳日期时，断然将母猪和仔猪立即分开。该法简单、适于工厂化养猪。使用时应于断乳前3天减少母猪精料和青料量以降低乳量，并应注意对母猪及仔猪的护理。

（2）逐渐断乳。本方法是逐步减少哺乳次数以达到断乳的方法。即在仔猪预定断乳日期前4～6天，把母猪赶到离圈较远的圈里隔开，然后每天放回原圈，给仔猪哺乳次数逐日由多到少的递减，如第一天把母猪放回哺乳4～5次，第二天减为3～4次，经3～4天后即可断乳。该法可避免母猪和仔猪突然断乳的刺激，故亦称安全断乳法，为一般猪场所采用。

（二）断乳仔猪的饲养

仔猪断乳后1～3周内，由于生活条件的突然改变而往往表现不安，食欲不振，增重缓慢，甚至体重减轻或患病，尤其是哺乳期内开食晚，吃补料少的仔猪更为明显，渡过这一个适应阶段后，生长才又加快。

为养好断乳仔猪，过好断乳关，就要做到饲料、饲养制度及生活环境"两维持，三过渡"，即维持在原圈管理和维持原饲料饲养，并逐渐做好饲料、饲养制度和环境的过渡。

（1）饲料过渡。首先在断乳前就要做好断乳准备工作，使仔猪习惯采食断乳后所用的饲料。并在抓旺食阶段，锻炼仔猪的耐粗饲能力，在补料时加上优质的干草粉，使它有一个较大的食量和消化力。断乳后，半个月内保持饲料不变，以免突然改变饲料降低食欲，引起消化紊乱。半个月后再逐渐改变断乳仔猪的饲料。

（2）饲料营养全面。饲料中粗蛋白质的含量以18%为宜。同时，应限制含粗纤维和碳水化合物过多的饲料喂量，以免影响仔猪的消化或使其过早变肥，体格长不大。每千克饲料的可消化能宜在13807.2～14644.0千焦。

（3）饲养制度过渡。稳定的生活制度和适宜的饲料调制是提高仔猪食欲，增加采食量，促进仔猪生长的保证。断乳后半个月内除按哺乳期补饲的次数和时间进行饲喂外，夜间应再增加一次饲喂，免得停食过长，仔猪因受饿而不安。每次喂量不宜过饱，按风干饲料，日食量约为体重的1/20，但次数要多，以保证仔猪旺盛的食欲和消化力，并可防止拉稀（拉稀往往因过食引起）。

（4）饲料适口性好。是增加仔猪采食量的一个主要因素。仔猪对颗粒饲料或粗粉料的喜好超过细粉料。

（5）饲料的料型。仔猪刚断奶时的主动采食量一般都很低，无规律，变化不定。为了提高仔猪断乳后采食量，最成功的办法就是采用湿料和糊状料。使用湿料时采食量提高的原因是行为性的，即仔猪不必在刚断乳时学习分别采食和饮水的新行为。采用湿料时，水和养分都可获自同一个来源，这与吸吮母乳有许多相似之处。

（6）供给清洁饮水。断乳仔猪采食大量饲料后，常会感到口渴，如供水不足则饮污水而引起下痢。有条件的猪场可设自动饮水器或水槽，以保证饮水的供给。

（三）断乳仔猪的管理

做好合理环境的过渡是养好断乳仔猪的又一因素。仔猪断乳后头1～2天很不安定，经常嘶叫并寻找母猪，夜间尤甚，当听到邻圈母猪哺乳时，骚闹更厉害。为减轻仔猪断乳后因失掉母猪而不安，最好采取不调离原圈，不混群并窝的原圈育成法，仅将母猪调走。如需调圈并窝，应在断乳后半个月吃食和粪便正常时进行。为避免并圈分群后的不安和互相咬斗，应在分群前3～5天使仔猪同槽进食或一起运动，使彼此熟悉。然后根据仔猪的性别、大小、吃食快慢进行分群。同群内体重相差不要超过2～3千克为宜。对体弱的仔猪，应另组一群，精心护理以促进其发育。每群的头数，视猪圈面积大小而定，一般可为4～6头或10～12头一圈。仔猪合群后经过1～2天咬斗后，很快建立群居秩序。

猪舍内应保持干燥清洁，冬暖夏凉，勤换勤晒垫草，并加强定点排粪的调教，养成不尿"床"的习惯，如圈舍密度太大或太小，也会引起排泄行为紊乱。

六、肥育猪的饲养管理

1. 饲养方式

商品猪肥育方式有两种：

（1）直线饲养。具体做法是根据饲养标准，配制全价饲料，不限量饲喂，直到出栏。这种饲养方式，猪的增重快，饲养期短，维持消耗少，省人工，圈舍利用率高。

（2）前敞后限饲养。具体做法是在体重60千克以前，饲料粗蛋白质15%～16%，用自动饲槽让猪自由采食，或不限量按顿饲喂。在体重60千克以后，适当降低饲料能量和蛋白质水平，采食量控制在七八成。

2. 定时定量

小猪阶段，每天喂3～4次；中猪和大猪阶段，饲喂精料型饲料的，每天喂2～3次；饲料中含青、干、粗饲料或糟渣类饲料较多的，每天喂3～4次。每天饲喂间隔均衡，夏季饲喂宜安排在早 6 点和晚 6 点。

3．保证饮水

水对调节体温、养分的运转、消化、吸收和废物的排泄等有作用。喂颗粒料和干粉料的猪，更需大量的水。要给猪提供洁净充足的饮水。

4．保持猪舍内温度

猪舍的最适温度为 13～20℃，湿度 50%～80%。应保证有足够的通风换气。

5．调教

组群或调入新圈时，要抓紧调教，使其排便、睡觉、采食和饮水"三点定位"。其操作方法：为使所有的猪都能充分采食、饮水，要备有足够的饲槽和水槽。对霸槽的猪要勤赶，使能养成同时上槽采食的习惯。

猪入圈前，事先要把猪栏打扫干净，在猪卧睡处铺上垫草，饲槽投入饲料，水槽装上水，并在排便处堆放少量粪便，泼点水，然后把猪赶入圈内。个别猪不在指定位置排便时，要及时将其所排粪便铲到指定位置，并结合守候看管，经过三五天就会养成采食、睡卧、排便三定位。

6．驱虫、洗胃和健胃

第一天驱虫　驱虫前，先停喂一顿。在晚上饲喂时将驱虫药拌入饲料。一般每千克体重喂敌百虫 0.08～0.1 克，拌入饲料的敌百虫水溶液不稳定，应现用现配。还可按说明使用四咪唑和左旋咪唑。

猪的体内寄生虫，以蛔虫感染最普遍，主要危害 3～6 月龄的幼猪。患猪生长缓慢，消瘦，被毛无光泽，甚至变成僵猪。

第三天洗胃　按每头猪用小苏打 10～15 克，小猪酌情减少，于早饲时拌入饲料内。

第五天健胃　取大黄苏打片（大黄碳酸氢钠）按每 5 千克体重用一片，分三次拌入饲料内喂服。

第三节　牛 的 饲 养

一、奶牛的饲养管理

（一）犊牛的饲养管理

犊牛的饲养管理是指出生后至 6 月龄断奶犊牛的饲养管理。

1．饲养措施

（1）初乳。犊牛出生后 0.5～1 小时应立刻饲喂初乳，每次喂量 2 千克，每天的喂量约为其体重的 10%。一般喂 3～5 天，亦可喂至 7 日龄。因为初乳中含有大量的营养物质（蛋白质、脂肪、维生素和矿物质等）和生物活性物质（免疫球蛋白、干扰素和溶菌酶），因此它不仅能提供全面营养，保障犊牛生长发育需要，而且能使犊牛尽早获得母源抗体，提高其抗病力。

（2）常乳和代乳品。母牛产犊 7 天以后所分泌的乳称为常乳，它是犊牛喂初乳后到断奶前的主要食物。为了降低成本，也可用代乳品取代部分或全部牛乳。优质代乳品粗蛋白质含量应为 24%～28%，脂肪为 15%～20%，纤维素低于 0.5%。

（3）犊牛开食料。犊牛在 7～10 天后能吃干饲料，此时应喂开食料。开食精料宜含粗蛋白质 17%～18%，并要注意能量、维生素、矿物质和微量元素的添加。6 月龄时可每日饲喂 2～2.5 千克。在吃开食料的同时，为刺激瘤胃发育，应让犊牛自由采食优质的青干草。

2. 管理措施

（1）新生犊牛的管理。犊牛出生后立即用清洁毛巾擦去口、鼻、耳内的黏液，擦干牛体。挤出脐带内潴留的血液，距腹壁基部 5～10 厘米处剪断脐带，断端浸泡于 5%～7% 的碘酊中消毒。称重，填写出生记录。

（2）标记。准确地给母牛编号是配种、产奶记录、免疫接种的基础。编号分永久性和非永久性两种。永久性的有烙印（酸烙、碱烙、火烙及液氮冻烙）、照片、花纹图及耳印；非永久性的有颈圈等。

（3）单圈饲养法。即将刚出生后的犊牛在单独的犊牛饲养栏内饲养。这样可以防止互吮吸脐带和耳朵，降低犊牛脐带炎及大肠杆菌病的发生。犊牛舍要尽可能保持干燥通风，还应保证犊牛进食量，避免相互抢食现象。

（4）去角和切除副乳头。去角目的是防止牛伤人或伤害其他牛。30 日龄前的犊牛可用电烙法去角，1～3 周龄的犊牛用苛性钠（钾）灼烧法。有的犊牛出生后，除了正常的 4 个乳头外，还多出 1～2 个乳头，称为副乳头。副乳头即影响外观，又易造成细菌感染及影响挤奶，国外一般待犊牛 1～2 月龄时，将副乳头切除。

（二）生长牛的饲养管理

1. 断奶至 12 月龄育成牛饲养

（1）7～12 月龄是育成牛发育最快时期，发育正常时育成牛 12 月龄体重可达 280～300 千克。犊牛在断奶后应继续喂给断奶前的开食精饲料，每日每头喂 2～3 千克，日喂 2 次。4 月龄后喂给蛋白质为 14%～15% 的生长精料，数量同前。

（2）喂给优质的青粗饲料（青贮饲料、青干草），让牛自由采食，以促进瘤胃的进一步发育。要防止因营养过分充足而使牛过肥，以保证断奶至 12 月龄的小母牛具有合适的体尺和体重，以便在 15～16 月龄提早配种。

2. 13 月龄至产犊后备母牛（18 月龄）的饲养

（1）13～18 月龄育成牛体重应达 400～420 千克。此期，精料喂量每头每日为 3～3.5 千克。粗饲料喂量：青贮饲料每头每日 15～20 千克，青干草为 2.5～3.0 千克。

（2）必须保证后备母牛相对较高的营养水平，并在 24～25 月龄产犊。这可使其终生产奶量多，还得到较多的犊牛，并可减少后备母牛的饲养成本。后备母牛在配种以后，应进一步加强饲喂，喂给占体重 2% 的青粗饲料（以干物质计），一般青贮饲料每头每日喂量15～20千克，干草为2.5～3.0千克，并给予3.0～3.5千克的配合精料，以满足后备母牛生长、怀孕后期积聚养分和初产后泌乳的需要。后备母牛分娩前1～2个月，日喂配合精料4.0～4.5千克。

3. 生长牛的管理

（1）分群管理及选留。7～18月龄为育成牛阶段，19月龄至产犊前为青年牛（初孕牛）阶段，应分开饲养。犊牛在6月龄和12龄时，需按生长发育情况和其父母的生产性能资料而给予综合评定，分别进行选留。选留的犊牛，按月龄相近的原则集中饲养。

（2）适时配种。育成牛满15～18月龄，要仔细观察发情表现，当体重达到370千克时，应及时配种。对长期不发情牛，应仔细检查、治疗。

（3）按摩乳房。为促使乳房发育，对已妊育成牛每天按摩1次乳房，用温水洗净，干毛巾擦拭，但严禁拭挤，以免发生乳房炎。

（4）刷拭及运动。坚持每天每班刷试，使其保持被毛光滑、清洁及调教作用。怀孕后备母牛需要给予适当运动。

（5）防止流产。上下槽时不急赶；冬季不饮喂冰水；不打牛；不喂发霉变质及冰冻饲料。

（三）产奶牛的饲养管理

1. 饲养

奶牛对能量、蛋白质、矿物质和维生素的需要，除了维持自身生理需要外，还要满足产奶需要，由于泌乳阶段不同，生理需要不同，饲养也随之改变。

（1）泌乳牛营养需要和日粮要求。

泌乳早期：也称围产后期，指分娩后至第15天。

分娩后喂给30～40℃麸皮盐水（麸皮约1千克、盐约100克、水约10千克）。母牛产后1～3天，机体较弱，消化道功能尚未恢复，喂优质精料4千克，青贮10～15千克、干草2～3千克。可适当喂给少量块根或糟渣，以尽快促使瘤胃功能恢复。分娩4天后根据牛食欲状况逐步增加精料、多汁料、青贮和干草的给量，精料每日增加0.5～1千克左右，至产后第7天达到泌乳牛日粮给料标准（含每头牛日补优质蛋白200～300克）。母牛食欲和消化功能逐渐好转，精料和多汁饲料可逐渐增加喂量。

泌乳盛期：即泌乳高峰期。指分娩后第16天至第100天。

随产乳量的增加而增加精料喂量：日产乳20千克给7.0～8.5千克；日产乳30千克给8.5～10.0千克；日产乳40千克给10.0～12.0千克精料。谷物饲料最高喂量不应超过15千克。供应优质的粗饲料：每头每天给青饲、青贮20千克；干草4.0千克以上；糟渣类12千克以下；多汁类饲料3～5千克，任牛自由采食，以维持瘤胃正常消化功能。日产奶40千克以上应注意补给维生素及其他微量元素。精粗饲料比 65：35～70：30 的持续时间不得超过 30 天。此期营养需要按体重 550～650 千克、乳脂率 3.5% 的奶牛日粮营养需要供给。

泌乳中期：此期少数母牛产乳量开始逐渐下降，每月平均产乳量递减 7% 左右。精料喂量标准：日产奶 30 千克给 7.0～8.0 千克；日产奶 20 千克给 6.5～7.5 千克；日产奶 15 千克给 6.0～7.0 千克。粗饲料喂量标准：青贮、青饲料每头每天给 15～20 千克，糟渣类饲料 10～20 千克，块根多汁类饲料 5.0 千克，干草自由采食，但最少也应保证 4.0 千克以上。日粮营养需要按体重 600～700 千克、乳脂率 3.5% 的奶牛日粮营养需要供给。

泌乳后期：母牛怀孕，营养需要逐渐减少，为防止低产牛因采食过多饲料而造成饲料浪费，精料喂量应根据泌乳量而随时调整。精料给量标准 6.0～7.0 千克。粗饲料给量标准：青饲、青贮每头每天不低于 20 千克；干草 4.0～5.0 千克；糟渣、多汁类饲料不超过 20 千克。此期间胎儿发育加快，每头日应有 0.5～0.7 千克的增重。

（2）干乳牛的营养需要和日粮要求。干乳期为 2 个月，前 45 天为干乳前期；后 15 天为干乳后期（也称围产前期）。精料给量每天每头以 3～4 千克为宜。青贮、青饲每头每天 10～15 千克左右，优质干草 3～5 千克，糟渣类、多汁类饲料喂量不超过 5 千克。干乳后期应适当提高日粮中蛋白质水平，降低钙的给量（钙、磷每日喂量为 50 克和 30 克），避免高钙日粮，以适应产后需要。

各阶段营养需要按饲养标准供给。

2. 管理

（1）泌乳牛的管理。泌乳期母牛的基本管理是繁殖、营养和控制乳房炎。

第一，加强产后母牛的监护，母牛产犊后 20～30 分钟，将其轰起，喂饮 1% 食盐麸皮水。对产后衰弱不能站立者，可用葡萄糖生理盐水 1500～2000 毫升、25% 葡萄糖液 500 毫升一次静脉注射。

当母牛产后努责强烈，用 1% 来苏儿溶液彻底洗净术者手臂和母牛后躯，手伸入产道内仔细检查有无损伤、出血和未娩胎儿等并及时处治。当产道无异常而仍努责，可用 1%～2% 奴夫卡因 10～15 毫升，行尾椎封闭，以防止子宫外翻和脱出。

胎衣在产后 10～12 小时仍未脱落者，应及时处理。如胎衣易剥离；如粘连较紧不易剥离，可向子宫内注入抗生素（土霉素 2～3 克）隔日 1 次，直至阴道分泌物清亮为止。

母牛产后 30 分钟至 1 小时内进行第一次挤奶，挤出全部奶量的 1/3 左右，挤速不宜太快。第二次要适量增加挤出量，24 小时后正常挤奶。

产后 30～35 天进行直肠检查，判断子宫复旧和卵巢变化。如卵巢静止、子宫炎时应及时治疗。

产后 50～60 天尚未表现发情征兆的母牛，可用乙烯雌酚 15～20 毫升 1 次肌肉注射，以诱导发情。

第二，要经常观察母牛的食欲和泌乳量，为使母牛产后尽快恢复食欲，应根据泌乳量和不同生理阶段，随时调整营养以供应平衡日粮。

第三，加强乳房卫生保健，控制乳房炎。洗乳房水和毛巾要清洁、干净；水可加 4%次氯酸钠，0.1%高锰酸钾，洗时要彻底，洗后应将乳房彻底擦干。定期进行乳房炎诊断。

（2）干乳期奶牛管理。奶牛进入泌乳后期，体内贮存的能量、蛋白质和矿物质被用来弥补每天泌乳的需要。泌乳末期和干乳期的奶牛，不仅需要贮存一部分营养物质来补偿营养消耗，蓄积体力和恢复体质，而且还需要适当的营养来满足胎儿的迅速生长，因此在产犊前有一段时间停止产奶，即干乳。

干乳期奶牛需要特殊的管理，如果饲养管理不当，不仅直接影响到本胎次的健康养况，而且对下个泌乳期的产奶量也有极大影响。因此，干乳牛管理在奶牛场内应放在重要位置，具体内容包括以下几个方面：

第一，快速停乳：指在 2～3 天使泌乳完全停止的方法。日产奶 13 千克以下的奶牛停奶容易。停喂精料并立即停止挤奶即可，2～3 天后彻底挤最后一次奶就可以了。高产奶牛停奶时，应采取停喂精料，限制饮水等方法使产奶量减少，当产奶量下降后，立即停奶。最后一次挤奶后，用 4%次氯酸钠或 0.3%洗必泰溶液浸泡乳头。

第二，乳房炎预防：由于上个泌乳期存在隐性乳房炎感染，因此很多牛在产后常常发生乳房炎。为此，干乳期应进行药物治疗。将在最后一次挤奶后，4 个乳区都用专治乳房炎的抗生素药物注入乳房。可对牛群进行细菌学检查。

第三，控制精料量，防止过肥：母牛产犊前后容易出现乳房炎、酮病、产乳热、肥胖母牛综合征和真胃移位。这些疾病都与干乳期饲喂能量过多和粗饲料不足有关。因此，日粮中应限制精料量、增加粗饲料如优质干草、低水分青贮料喂量。

第四，做好产前准备工作：对于奶牛经常观察外部表现，当腹围不随妊娠月龄增大时，应及时检查，防止妊娠中断而引起产犊间隔延长的可能性。当母牛腹围过大、乳房水肿时，应减少站立时间，提前将母牛放出棚外，令其自由活动。临近分娩时，应设专人看护，加强分娩前兆观察与做好接产准备。

二、肉牛的饲养管理

（一）犊牛的饲养管理

1. 初生犊牛的护理

（1）清除黏液。犊牛初生后，用清洁毛布将牛口、鼻及体躯上的黏液擦干净。也可让母牛将小牛身上的胎水舔干。

（2）断脐带。一般脐带会自然扯断，在未断裂的情况下，可用消毒后的剪刀距腹部 10～15 厘米处剪断，挤出脐带中的黏液并用碘酊消毒。脐带约在生后 1 周左右干燥脱落。如发生炎症，应及时治疗。

（3）早吃初乳。让犊牛出生后 0.5～1.0 小时内吃上初乳，当母牛乳头过大或乳房过低时要人工辅助犊牛吃初乳。

（4）常乳和代乳品。常乳用于犊牛初乳喂过后到断奶时的 50～60 天。为了降低成本，也可用代乳品以取代部分或全部牛乳。2 周内犊牛每天喂奶 4 次；3～5 周喂 3 次；6 周以上喂 2 次。

2. 犊牛的补饲

犊牛出生后对营养物质的需要不断增加，而母牛的产奶量两个月以后就开始下降。为了使犊牛达到正常生长量，并促进犊牛瘤胃发育，就必须进行补饲。

（1）从 2 周龄开始用奶拌少许精料引诱幼犊舔食。

（2）在 3～4 周龄时，可以逐渐给犊牛喂料。开始时，每天每头犊牛只能喂 100 克精料，经过 5～7 天人工饲喂后，就可以让犊牛自己吃料。一旦犊牛学会吃料，饲槽内要始终保持有料，供犊牛采食。4 周龄后，按生长发育情况和喂奶量相应补喂精料，喂量 0.5～1 千克。从 3 周龄开始，应喂给优质的青干草或青绿饲草。到第 5 个月结束时，采食量可达到 3.6 千克。从 1 月龄到断奶，犊牛的补料量平均每天每头 1.4 千克最合适，这个量正好能补充牛奶营养的不足，使犊牛的骨骼和肌肉正常生长。如果超过这个数量，会使犊牛过肥，不经济。

3. 犊牛的早期断奶

（1）早期断奶时间。犊牛一般在 7 月龄断奶。早期断奶指在出生后 35 天内断奶。

（2）早期断奶的优点。使犊牛快速进入肥育场；缩短母牛的配种间隔；减少母牛的营养需要量，使母牛利用更多的粗饲料；延长纯种母牛的使用寿命；早期断奶犊牛的肉料比最高。

（3）早期断奶的原则。早期断奶的犊牛必须加强营养，喂给犊牛蛋白质、能量、维生素和微量元素含量平衡、适口性好的日粮。在断奶前 2～3 周给犊牛试喂开食料。

4. 犊牛的管理

（1）预防接种。2～3 月龄（特别是在转入放牧之前）接种气肿疽疫苗。断奶前的 3 周接种传染性牛鼻气管炎疫苗。断奶后 2～3 周接种牛病毒性腹泻疫苗。此外还要进行布氏杆菌及结核病的预防接种。

（2）适时去角。

（3）分群饲养和放牧。按月龄、体格大小和性别分群，每群 30～50 头。

（4）适宜的活动量及卫生。1 周龄内幼犊抵抗力低，通常不户外活动。注意犊牛舍内温度、干燥、通风及卫生良好，以提高犊牛成活率。

（二）生长牛的饲养管理

1. 育成牛的饲养管理原则

生长肥育牛（架子牛）是指断奶后供作肥育出售的幼牛。

犊牛断奶后仍有较强的生长优势，并有充分利用粗饲料的能力。通过这一阶段的饲养，使其早日达到出栏的体重。饲养生长肥育牛的关键不在于提高日增重的速度，也不要求过肥。一般多在秋季把收购集中来的 0.5～1 岁生长肥育牛在舍内饲喂大量粗料越冬，使牛日增重平均达 450 克以上，翌年夏季通过继续放牧，养到一岁半体重达 350～400 千克，以供出售肥育。

根据我国当前情况，肉用品种与本地牛杂交所生的犊牛断奶后，单纯依靠放牧渡过第一冬季，于第二年秋天 18 月龄超过 300 千克是很困难的，如果在经过第二个冬季，势必延长到 2.5 岁出栏，降低了架子牛的出栏率，增加了饲养成本。因此，应该特别重视第一个冬季的补饲。除了每天放牧之外，可用农作物秸秆、干草、青贮和部分精料（配合一定数量的尿素等蛋白质补充料），使日增重不低于 350～400克，经第二年夏季放牧饲养，使活重超过 300～350 千克出栏，会取得明显的经济效益。

2. 育成牛的营养需要和饲养

一般到 18 月龄时，育成母牛体重要达到成年体重的 70%，并开始初配。同时，早期断奶的犊牛，在此期间体重逐步得到较好的补偿生长。

刚断奶的牛由于消化机能比较差，粗料的质量应较好。在青草季节以青绿饲料为主时，每天应补充混合精料 6.28 兆焦的净能；在枯草期应喂优质干草和苜蓿干草等品质较好的粗料，或搭配喂青贮饲料。断奶后育成牛的饲料应以品质较好的粗料为主，夏、秋季节以青绿饲料为主，最好进行放牧，营养不足部分用精料补充。精料中应重视蛋白质及矿物质的含量。

9～10 月龄育成牛，在青草季节每天补饲 0.5 千克混合料，就可获得 0.6～1.0千克的日增重。1 岁以上育成牛，如粗料以秸秆为主，每天补精料 2～2.5 千克；如以优质干草为主，每天补精料 1～1.5 千克。生长发育较好的育成母牛，可在 15～18月龄配种。9 个月至 1 周岁的育成牛，在青草季节每天应补 3.35 兆焦的净能；在枯草季节或以秸秆饲料（未经氨化）为主时，粗料中应有较高比例的优质干草，每天补精料 8.79 兆焦的净能。一岁以上育成牛在青草季节不需补饲精料；在枯草季节和以秸秆为主（未经氨化）时，应补饲 11.72～16.64 兆焦的净能。作为种用的育成公牛，应保证青粗饲料质量，增加精饲料给量，以获得较高的日增重并防止草腹的形成。每天保证 2～3 小时的运动。周岁时戴鼻环，以便管理和调教。要经常刷试，以保证牛体清洁，做到人、牛亲和，防止发生恶癖。生长发育正常时，可在 18 月龄开始采精，采精频率控制在每周 1 次；2 岁时转入正常采精，一般每周 2 次。

饲养方式宜采用放牧或舍饲。舍饲情况下，采用散养式饲养，不应栓饲。饲料应以粗料为主，这样得以刺激消化器官的发育，若用精料补充粗料中养分的不足，应重视精料中蛋白质含量，如果精料中蛋白质含量不足，能量较高，再加上粗饲料不足，会造成内脏发育不良，影响以后的生产性能。育成牛食盐给量，可按每 100千克体重 5～10 克喂给，喂食盐切忌集中数天补一次，那样既浪费食盐也损害牛的健康。

春犊断奶后进入第一个冬春，喂给青干草、青贮料和精料，力争保持一个中等营养水平。到第二年青草季节，再集中放牧，并适当补料，"拉架子"到10月底，短期催肥，2.5～3个月出栏。

秋犊断奶后进入青草季节，应尽量延长放牧时间，适当补饲精料，当到达第二个冬春，催肥出栏。

断奶后犊牛必须公、母分群，不必拴系，任其自由活动和采食，定时称重，检查生长发育情况。

（三）育肥肉牛的饲养管理

育肥肉牛包括幼龄牛、成年牛及老残牛。不同种类育肥牛，在育肥期间所要求的营养水平也不相同。

1. 育肥牛的营养需要

（1）蛋白质的需要。草地育肥时，育肥速度较慢，因具备良好的牧草及品质优良的干草，即能满足育肥肉牛的蛋白质需要；架子牛舍饲育肥时，体重已达300千克左右，不论采用易地育肥或就地育肥，日粮中蛋白质应占10%～13%，随着活重增大，其含量可逐渐减少，到育肥末期，日粮中蛋白质为10%。犊牛（6～12月龄）育肥时，体重150～200千克，日粮中蛋白质可达15%。老龄牛育肥时，日粮中蛋白质为10%。

（2）能量需要。按照肉牛的能量需要，合理搭配日粮中精、粗饲料比例，且适当提高精饲料比例，能提高育肥肉牛的增重效果。

（3）矿物质的需要。肉牛很少由于矿物质的缺乏而生病或死亡，但矿物质供应不足时，则影响生产。因此，应保证育肥肉牛钙、磷、铁、铜、钴等矿物质的需要量。

（4）维生素的需要。应保证育肥肉牛对维生素A等的需要。冬季育肥时，加喂适量胡萝卜等多汁饲料，以补充维生素需要及增加牛对干草秸秆等粗饲料的采食量。

2. 育肥肉牛的管理

（1）育肥前要驱除体内及体外寄生虫，并严格清扫和消毒牛舍。

（2）舍内温度不低于0℃，不高于27℃。

（3）保证充足、清洁的饮水，冬季水温最好不低于10～20℃。

（4）适时出栏。

（5）选用杂交牛。

3. 肉牛育肥技术

（1）高能日粮饲喂技术。所谓高能日粮，是指每千克肉牛日粮中含有代谢能10.88兆焦以上或日粮中精料的比例70%以上者。

（2）围栏肥育技术。育肥牛不拴系，高密度（每头占有面积4～5平方米）散养在围栏内，减少育肥牛的运动量。自由采食，自由饮水。粗、精料充分搅拌均匀后投喂。日粮结构和成分以肉牛体重、用途不同而有差别。

（3）犊牛育肥技术。犊牛育肥以生产优质高档牛肉为目的。在产犊区，犊牛 6

月龄断奶，正遇上冬季。因此准备育肥的 6 月龄犊牛，最好尽快转移到饲养条件较好、精料水平较高的地区。

越冬期要求日增重 500 克左右，每头每日采食干物质量为 4 千克左右，即为犊牛体重的 2.7%。日粮中粗蛋白含量为 11.3%～11.5%；日粮中粗料量约占 75%。这样经过冬季（4 个月）的饲养，犊牛体重可达 210 千克左右。若犊牛 18 月龄时能达 450 千克以上，最后 8 个月的饲养应增加每头每日采食干物质量。管理要点为自由饮水，自由采食，围栏育肥。日粮中精料比例上升到 75%以上时，应注意牛只肚胀或腹泻拉稀。发现胀肚、停食现象应及时诊治。

（4）强度育肥技术。适用于强度育肥的肉牛，一般指 2.5 岁，体重 300 千克的架子牛。这种牛骨架已长成，只是膘情比较差，如果采用高精料饲养，将在短时间内（3 个月）增加肉牛膘度，达到出栏体重 500 千克左右。

（5）冬季快速育肥。肉牛冬季快速育肥，采取的主要措施有：舍饲、拴系饲养（一牛一桩，限制牛运动）、日粮满足蛋白质需要和多添加能量饲料、定时饲喂、适时出栏。一般体重达到 400～500 千克，便应出栏。

第四节　羊 的 饲 养

一、饲养方式

1. 放牧

放牧是一种粗放的饲养方式，多为地广人稀的天然草原地区和丘陵山区采用。在这种饲养方式下，羊的生长、生活受自然条件、季节和牧草盛衰影响较大。由于管理粗放，低产羊及公羔育肥时适宜用此种饲养方式，饲养规模以 100～200 只为宜。因羊舍简陋，省草料，省劳力，虽然生产水平低，但成本也低。此法常会发生草畜矛盾，需要与草场改良、储草越冬和补饲精料相结合，只有采取放牧加补饲的饲养模式，才可使羊安全越冬和收到较好的经济效益。

2. 系牧

系牧又称拴牧或牵牧，多见于农区没有专用放牧草场的地区。这些地区地少人多，土地多用于生产粮食。因此可用绳索控制羊只于河渠两岸、路边、田边、村边或房前屋后，采食各种杂草，不占用专门劳动力，饲养成本低。系牧饲养方式特别适合于农区饲养。

3. 半放牧半舍饲

这是一种较好的饲养方式，在农区和半农半牧区最为适合。特别适宜于羔羊、青年羊的培育和种公羊饲养。放牧回来后补饲精料，夜间添加干草。此种饲养方式，羊只营养全面，运动充足，光照充分，节省草料，羊的体质健壮，能取得较高的收益。饲养规模以 100 只左右为宜。

4. 舍饲

这是城镇近郊和土地面积有限的地区多采用的一种饲养方式。羊群规模在100～600只。优点是可以利用最新的技术，进行精心的饲养，培育高产个体和群体。可参照饲养标准，科学地配合日粮，定额管理，提高饲料报酬。不足之处是羊舍投资大，羊运动少，饲养管理技术要求高。在实际生产中，要尽量创造条件驱赶羊只运动，羊场设计时应设置足够面积的运动场。该饲养方式在饲草饲料、运动、驱虫、药浴、防疫等条件能够满足饲养管理要求的前提下，能够获得最佳经济效益。

二、羔羊的培育

（一）哺乳期的培育

哺乳期是指从出生到断奶这一段时间，一般为2～4个月。哺乳期的羊叫羔羊。羔羊是羊一生中生长发育最快的时期，但它适应性差，抗病力弱，消化机能发育不完全。它吸收营养的方式，从母体内的血液营养到体外的奶汁营养再到草料营养，变化很大。因此，这一阶段的培育工作非常重要。

（1）初乳期（初生至第五天）。母羊产后5天以内的乳汁叫初乳，它含有丰富的蛋白质、脂肪、维生素、无机盐等营养物质和抗体，具有独特的生物学功能，是初生羔羊不可缺少的食品。羔羊出生后要让羔羊在1小时以内必须吃上初乳，这对增强体质、抵抗疾病和排出胎便有着非常重要的作用。

吃初乳越早、越多，增重越快，体质越强，成活率越高。羔羊在初乳期哺乳不能间断，可以随母羊哺乳或用保姆羊哺乳，由羔羊自由吸吮或每天哺乳4～6次。

（2）常乳期（6～60天）。常乳是母羊产后第六天至干奶期以前所产的乳汁，是羔羊的主要食物。羔羊生长发育快，营养需要多，其食物基本上是以羊乳为主，但也要早开食，及早训练羔羊吃草料，以促进其前胃的发育，增加营养的来源。一般从10日龄后开始喂草，将幼嫩青绿的草，捆成把吊于空中，让羔羊自由采食。从15日龄后开始教它吃料，在饲槽里放上用开水烫过的料，引导羔羊去啃，反复数次就能学会吃料。从45日龄以后，要减奶量增草料，若吃不进去草料就会影响其以后的生长发育。

（二）奶与草料过渡期（61～90天）

这一阶段，羔羊的食物开始是奶与草料并重，后期以草料为主，以奶为辅。即优质干草与精料不断增加，逐渐作为羔羊的基础日粮，而奶量不断减少。

羔羊哺乳期间一定要供给充足的饮水。哺乳期奶中的水分不能满足羔羊正常代谢的需要，可往羊奶中加入1/4至1/3的温水，同时在圈内设置水槽，任其自由饮用。

20天后的羔羊，应适当运动；随着日龄的增加，可把羔羊赶到牧地上吃草，还要定时补给草料。

（三）羔羊的早期断奶

羔羊具有早期适应植物性饲料的消化能力，为了让羔羊早日采食粗饲料，可在哺乳期采用减少喂奶量、缩短哺乳期的饲养方法。这样既节省了羔羊用奶，增加了商品用奶，又降低了饲养成本，提高了经济效益。羔羊一般可在 60～90 日龄时断奶。

三、青年羊的培育

从断奶至配种前的羊叫青年羊。

1. 青年羊的饲养要点

青年羊阶段是羊骨骼和器官充分发育的时期，如果营养跟不上去，便会影响生长发育、采食量。喂给优良的富含营养的饲草（青草和干草），保证充足的运动，是培育青年羊的关键。充足而优质的饲草，有利于消化器官的发育，培育成的羊体格高大，肌肉发达，腹大而深，采食量大，消化力强。丰富的营养和充足的运动，可使胸部宽广，心肺发达，体质强壮。庞大的消化器官、发达的心肺是将来高产的基础。

2. 青年羊的管理要点

半放牧羊舍饲是培育青年羊最理想的饲养方式。每日在吃足优质饲草的基础上，补饲混合精料 0.2～0.5 千克，日粮中可消化粗蛋白质的含量应在 15%以上。只要草好，还可以少给精料。

青年羊常用的精料配方如下：玉米 50%，麸皮 27%，豆粕 16%，鱼粉 2%，尿素 1%，骨粉 2%，食盐 1%，微量元素预混添加剂 1%。

四、种公羊的饲养管理

种公羊应保持膘情较好、体质健壮、性欲旺盛和精液品质良好，以便更好地完成配种任务，发挥其种用价值。

（一）种公羊的特点

羊属季节性繁殖动物，但种公羊却一年四季都有性欲。在秋季繁殖季节性欲旺盛，精液品质优良，但食欲下降；在冬春季节，性欲减弱，食欲逐渐增强；在夏季，由于天气炎热，影响采食量和体质。因此，在非配种季节应加强饲养，使其体况良好，被毛光亮，精力充沛，以保证配种季节性欲旺盛、利用时间长。

（二）种公羊的饲养管理

（1）日粮要求营养全面。蛋白质、维生素 A、维生素 D、维生素 E 及微量元素含量充足，容易消化，适口性好。理想的粗饲料类有：苜蓿、沙打旺、籽粒苋、串叶松香草、花生蔓、各种落叶、秸秆、青贮料等。精饲料类有：玉米、麸皮、大麦、豌豆、黑豆、豆粕和麻仁饼等。多汁饲料类有：马铃薯、胡萝卜和甜菜等。

（2）科学管理。种公羊的饲养可分为配种期和非配种期两个阶段。在配种期，公羊精神处于兴奋状态；加之天气炎热，不安心采食，所以饲养要特别精心，饲料要少给勤添，注意饲料的质量和适口性，必要时补充一些富含蛋白质的动物性饲料，如鱼粉、鸡蛋、羊奶等，以补充其配种期营养的大量消耗。要合理利用种公羊，一般每日配种或采精 2 次，即上午 1 次，下午 1 次。当年的小公羊要与成年公羊分圈饲养。

非配种期的饲养是配种期的基础。在非配种期，有条件的地方应进行放牧，适当补饲豆类精料。配种期以前的体重应比配种旺季增加 15%左右，否则难以完成配种任务。因此，在配种季节来临前 2 个月就应加强饲养，并逐渐过渡到高能量、高蛋白的饲料营养水平。

在管理上应温和待羊，恩威并施，驯养为主，加强运动，每天刷拭，及时修蹄，定期防疫。种公羊羊舍应远离母羊舍，以减少发情母羊和公羊之间的相互干扰。小公羊要及时进行生殖器官检查，不合格者要及时淘汰。种公羊羊舍应通风、干燥、向阳。每只公羊需占面积 2 平方米，并要有较宽阔的运动场。公羊性反射强，必须定期交配或采精，如长期拴系或配种季节长期不配种，会出现自淫、性情暴躁、顶人等恶癖，管理时应注意提防。

（3）种公羊的调教。用于人工采精的种公羊，首先要经过调教。调教成功后，不但可用发情母羊作台羊，也可用不发情的母羊或假羊作台羊。开始调教时，选择清洁安静的采精室，将发情旺盛、健康的母羊置于室中。而后将种公羊引进，待其闻到发情母羊的气味，性欲冲动爬跨母羊时，立即用事先准备好的假阴道采精。如此经过几次调教，使公羊逐渐形成条件反射，以后可用不发情母羊代替发情母羊来采精。最后用假母羊（用木头或其他物品做成母羊的架子，上面盖一张羊皮，伪装成母羊）代替，也能采精。用假母羊采精，既稳当又省事、省人力，还可避免传染疾病；有的公羊经过人工 1～2 次调教后即可成功，有的需经过多次调教才行。

调教时必须耐心、细致，认真观察摸索每只公羊的生理要求。实践证明，除非公羊体质太弱或有疾病，一般情况下，调教公羊采精是较易成功的。

五、成年母羊的饲养管理

对母羊的饲养要求，是常年保持良好的营养水平，实现多胎、多产，多活、都壮的目的。母羊的饲养周期，大致可分为三个阶段：

（一）空怀期的饲养

母羊的妊娠期 5 个月，哺乳期 3～4 个月，空怀期 3～4 个月。冬季产羔（2 月份产羔）母羊，则 6～9 月份为空怀期；早春产羔（即 3 月份产羔）母羊，则 7～10 月份为空怀期。这个时期，羔羊已经离乳，母羊停止泌乳，又正值良好放牧时期，对母羊只是恢复营养。应将母羊放到最好的牧地上，饱食茂盛的牧草，并对离乳较晚的母羊、初产母羊和个别瘦弱的母羊，补给适量的精料，施行短期优饲。繁殖母羊在延长放牧时间和补饲的情况下，很快就能恢壮。

（二）妊娠期的饲养

母羊妊娠后的前两个月为妊娠前期，中间 1 个月为妊娠中期，最后 2 个月为妊娠后期。妊娠前期胎儿发育较慢，又处在牧草籽实成熟和补饲优质饲草时期。此时，母羊又经过夏、秋抓膘，体壮膘肥，只要坚持放牧。每日回舍再补 1 千克干草或 0.5～1.0 千克青贮，不用补饲精料，即可满足母羊的营养需要。随着天气渐渐寒冷，水凉草枯，母羊野外采食量减少，胎儿生长发育速度逐渐加快，每天除补饲优质干草 1.5 千克和青贮 1.5 千克外，还必须补喂 0.15～0.2 千克精料，方能满足母羊该时期的营养需要。

妊娠后期母羊，除维持本身所需的营养外，还要供给胎儿生长的营养需要。因此，妊娠后期母羊的营养水平应比前期提高。生产实践证明，母羊妊娠后期的营养水平，不仅对羔羊初生重和母羊产后泌乳力有密切关系，进而也影响到羔羊的离乳重和生后发育。所以妊娠后期母羊饲养的好坏非常关键，应高度重视。

（三）哺乳期的饲养

母羊产羔后即开始哺育羔羊。产后第 1～2 个月内为哺乳前期，第 3 个月为哺乳中期，第 4 个月为哺乳后期。哺乳前期（尤其第 1 个月内）羔羊的生长发育主要依靠母乳。因此在此阶段，一定供给母羊丰富而又完善的营养，特别是要提高蛋白质和矿物质的含量。

（四）母羊的管理

由于母羊所处的生理阶段不同，其管理要点也不尽相同，重点是妊娠后期和哺乳期，其要点如下：

第一，无论任何生理阶段，都不能喂饲腐败、发霉、变质或霜冻饲草饲料。加强运动。

第二，对妊娠母羊放牧时要稳走、慢赶。不惊吓羊群，不追赶打羊，不跨沟越壕，不走冰道，出入舍门时防止拥挤，补饲时要备足饲槽和草架，饮水要新鲜，饮水场所要经常清除积水，勤垫沙土，防止跌倒摔伤。对患病的妊娠母羊，不要投喂大量泻药、子宫收缩药和其他烈性药，免得引起流产。临产前几天不要往远处放牧，也不能把接近分娩期的母羊整天圈在圈舍内，要进行适当的运动。

第三，母羊的圈舍应勤起勤垫，保持通风良好，宽敞明亮，羊只不拥挤。补饲期草架、料槽放在舍外运动场，以保持圈舍干燥和清洁卫生。

第五节　畜禽免疫与畜禽场舍消毒

　　预防接种是在健康动物群中，为了防止传染病的发生，有计划有目的地定期施行预防注射免疫疫苗。

　　预防接种计划的基本内容包括使用哪些疫苗、接种对象范围、疫苗供应（包括种类、数量、供应时间、供应办法）以及预算、分配和器械准备等。

　　免疫程序是指根据疫病种类、疫苗免疫有效期特性、动物机体免疫反应以及免疫工作中的实际条件而制订的可能性计划免疫的具体实施程序。免疫程序的内容包括疫苗种类、接种对象、接种方法、时间、剂量、次数。实际工作中要根据各自的具体情况自行制定和实施。下面以禽为例，说明禽免疫与禽场舍消毒方法。

一、禽群免疫程序的制定

　　（1）蛋鸡免疫程序推荐（表 2-2）。

表 2-2　蛋鸡免疫程序推荐表

免疫日龄	疫苗名称与种类	接种方法
1 日龄	马立克疫苗	颈部皮下注射
3 日龄	肾传支（H94 或 W93）	滴鼻点眼（首选） 饮水（次选）
8 日龄	克隆 30+传支联苗 肾型传支灭活苗	滴鼻点眼（首选） 0.25mL 皮下注射
14 日龄	法氏囊活苗	1.5 头份 滴口
14 日龄	新城疫油苗+禽流感联苗	皮下注射 0.5 mL
21 日龄	传支+克隆 30	滴鼻点眼（首选）
27 日龄	法氏囊活苗	1.5 头份 饮水
31 日龄	鸡痘疫苗	刺种
40 日龄	禽流感	0.5mL 皮下注射
47 日龄	传染性喉气管炎疫苗	1.5 头份 饮水
60 日龄	鸡痘疫苗	刺种
80 日龄	传染性喉气管炎苗	1.0 头份 饮水
90 日龄	传染性支气管炎苗 H52	饮水
110 日龄	新城疫+减蛋+传支三联苗	1mL 肌肉或皮下注射
120 日龄	禽流感苗 或新城疫+减蛋+传支+流感四联苗	0.5mL 肌肉或皮下注射 1mL 肌肉或皮下注射
130 日龄	禽流感 H5、H9	各 0.8～1.0ml/只
270 日龄	禽流感 H5+H9	0.8～1.0ml/只
240～280 日龄	新-支 H52 或克隆 30	饮水（3～4 倍）

（2）肉用仔鸡免疫程序推荐（表2-3）。

表2-3　肉用仔鸡免疫程序推荐表

免疫日龄	疫苗名称与种类	接种方法
5 日龄	新城疫+流感灭活苗（鸡瘟高发区）	皮下注射 0.5mL
9 日龄	新城疫（克隆30）+传染性支气管炎二联苗	滴鼻点眼（首选） 饮水（次选）
14 日龄	大肠杆菌苗（大肠杆菌流行区）	皮下注射 0.3mL
14 日龄	法氏囊中毒疫苗 法氏囊三价苗（流行区）	滴口（首选） 饮水（次选）
19～21 日龄	新城疫加传染性支气管炎 或克隆30（鸡瘟流行区）	滴鼻点眼（首选） 气雾（大群首选）
26 日龄	法氏囊中毒疫苗 法氏囊多价苗或 MB 株（流行区）	滴口（首选） 饮水（次选）
32 日龄	新城疫（鸡瘟流行区） （5日龄没有采用新城疫灭活苗注射的鸡瘟高发区）	气雾（首选） 饮水（次选）

二、畜禽场消毒技术

（一）消毒方法

1. 机械消毒法

通过机械的方法从物体表面、水、空气、动物体表去掉或减少污染的有害微生物及其他有害物质，常用的方法有洗、刷、擦、抹、扫、浴及通风等。

在清除之前，应根据清扫的环境是否干燥，病原体危害性的大小，决定是否需要先用清水或某些化学消毒剂喷洒，以免打扫时尘土飞扬，造成病原体散播。机械性清除不能达到彻底消毒的目的，必须配合其他消毒方法进行，对清除的污物必须运到指定场所焚烧、掩埋或用其他方法使之无害。

2. 物理消毒法

应用物理因素杀灭或清除病原微生物及其他有害微生物称为物理消毒法。物理消毒方法包括自然净化、机械除菌、滤过除菌、热力消毒、辐射灭菌、超声波和微波消毒等技术，其中过滤消毒技术、热力消毒技术和辐射消毒技术在养殖业中应用较多。物理消毒法主要用于畜禽养殖场设施、饲料、医疗卫生器械、兽医防疫检疫部门、实验材料消毒。

（1）过滤消毒技术。过滤除菌是以物理阻留的方法，去除介质中的微生物，主要用于去除气体和液体中的微生物。其除菌效果与滤器材料的特性、滤孔大小和静电因素有关。①网击阻留。由于滤器材料中由无数参差不齐的网状纤维结构，相互交织重叠排列，形成狭窄弯曲的通道，可以阻留颗粒样的微生物和杂质。②筛孔阻留。大于滤器孔径的微生物等颗粒，经过滤膜或滤栅的筛孔时，犹如筛子一样被阻留在滤器中。③静电吸附。常见的微生物都带有负电荷，将某些滤器的滤材带正电荷，通过静电作用阻留微生物或其他颗粒。

（2）热力消毒技术。热可以灭活一切微生物，是一种应用广泛、效果可靠的消毒方法。常有干热和湿热两种消毒方法。干热消毒主要包括焚烧、烧灼、干烤和红外线照射等4种方法。湿热消毒包括煮沸消毒、流通蒸汽消毒（常压蒸汽消毒）、巴氏消毒法、低温蒸汽消毒法（73℃）和甲醛低温消毒法、高压蒸汽灭菌等。

（3）辐射消毒和灭菌。分为紫外线消毒和电离辐射消毒。紫外线消毒主要对空气、水和污染物表面进行消毒。电离辐射灭菌是利用γ—射线、伦琴射线或电子辐射能穿透物品，杀死其中微生物的一种低温灭菌方法。同于电离辐射灭菌低温、无热交换、无压力差别和扩散干扰，因此，广泛地应用于食品、饲料、医疗器械、化学药品生物制品等各种领域的灭菌。

3. 化学消毒法

（1）醛类消毒剂。常用的有甲醛和戊二醛两种。醛类消毒剂的特点：

甲醛消毒效果良好、价格便宜、使用方便，但有刺激性气味，作用慢，福尔马林是甲醛的水溶液，含甲醛 37%～40%，并含有 8%～15%的甲醇，福尔马林溶液比较稳定，可在室温下长期保存，而且能与水或醇以任何比例相混合。对细菌芽孢、繁殖体、病毒、真菌等各种微生物都有高效的杀灭作用。甲醛常利用氧化剂高锰酸钾、氯制剂等发生化学反应。戊二醛用于怕热物品的消毒，效果可靠，对物品腐蚀性小，但作用较慢。

甲醛熏蒸时，需要在一定的温度和相对湿度的条件下进行，才有收对较好的消毒效果。要求是温度为 18～27℃，刚出壳雏鸡为 32℃，相对湿度为 60%～90%。常与高锰酸钾共同使用进行畜舍、种蛋、雏鸡及运鸡车的消毒，两者的配合比例定为 2:1，当每立方米空间所用甲醛溶液为 14 毫升，高锰酸钾为 7 克时则浓度等级为 1 倍，以此类推，2 倍浓度即每立方米空间所用甲醛溶液为 28 毫升，高锰酸钾为 14 克；3 倍浓度即每立方米空间所用甲醛溶液为 42 毫升，高锰酸钾为 21 克。其消毒的等级与时间因环境状况各有不同。

甲醛与高锰酸钾消毒方法及要求：消毒前先将鸡舍（猪舍）的窗户用塑料布、板条及钉子密封，将舍门用塑料布钉好待封，用电炉将鸡舍温度提高到26℃，同时向舍内地面洒 40℃热水至地面全部淋湿为止，然后将甲醛分别放入几个消毒容器（瓷盆）中，置于鸡舍（猪舍）不同的过道上，配置与消毒容器数量相等的工作人员，依次站在消毒容器旁等待操作，当准备就绪后，由距离门最远的工作人员开始操作，依次向容器内放入用纸兜好的定量的高锰酸钾，放入后迅速撤离，待最后一位工作人员将高锰酸钾放入消毒容器时所有的工作人员都已撤离到门口，待工作人员全部撤出后，将舍门关严并封好塑料布。密封3～7天即可。

熏蒸消毒的注意事项：①使用碱性消毒剂、酸性消毒剂及熏蒸消毒时要注意操作者的安全与卫生防护；②在熏蒸消毒之前可将饲养员的工作服、饲养管理过程中需要的用具同时放入舍内进行熏蒸消毒；③使用电炉升温畜舍和用高压水枪冲洗畜舍时要在电源闭合开关处连接漏电显示器，保证用电安全；④畜舍使用前升温排掉余烟后方可使用。戊二醛效果可靠，对物品的腐蚀性小，但作用较慢。

（2）过氧化物类消毒剂。过氧乙酸是一种应用广泛的过氧化物类消毒剂，具有杀菌作用强大而迅速、价格低廉的优点，但不稳定易分解，对消毒物品有腐蚀作用。用 0.005%~0.025%过氧乙酸能于 1 分钟内杀灭金黄色葡萄球菌、大肠杆菌、绿脓杆菌和普通变形杆菌；0.5%过氧乙酸能于 10 分钟内杀灭一切芽孢菌；用 0.02%过氧乙酸能在 1 分钟内杀灭各种皮肤癣菌和酵母菌；用 0.2%过氧乙酸能在 4 分钟内杀灭病毒中抗力强的脊髓灰质炎病毒；用 0.04%过氧乙酸能在 5 分钟内杀灭腺病毒、B 病毒、柯萨奇病毒、艾柯病毒和单纯疱疹病毒。使用过氧乙酸的方法主要有浸泡法（浓度为 400~2000 毫克/升，浸泡 2~120 分钟）、擦拭法（用 0.1%浓度的擦拭 5 分钟）、喷雾法（浓度为 0.5%的对畜舍墙壁、门窗、地面等进行消毒）。

过氧化氢（双氧水）是一种氧化剂，弱酸性，可杀灭细菌繁殖体、芽孢、真菌和病毒在内的所有微生物。0.1%的过氧化氢杀灭细菌繁殖体，用 0.02%~0.031克/立方米溶液可灭活 A2 型流感病毒。常用 3%溶液对化脓创口、深部组织创伤及坏死灶等部位消毒；30 毫克/千克的过氧化氢对空气中的自然菌作用 20 分钟，自然菌减少 90%。用于空气喷雾消毒的浓度常为 60 毫克/千克。

（3）碘和其他含碘消毒剂。①碘伏。是广谱中效消毒剂。它能杀灭大肠杆菌、金黄色葡萄球菌、鼠伤寒沙门氏菌等百余种细菌繁殖体，杀灭作用强且作用快。对芽孢和真菌孢子杀灭作用弱，需要较长时间和较高的温度。②碘酊。5%的碘酊用于外科手术部位、外伤及注射部位的消毒，具有消菌能力强，用后不易发炎，对组织毒性小，穿透力强等优点。③威力碘。本品含碘 0.5%，是消毒防腐药，1%~2%用于畜舍、畜禽体表及环境消毒，5%用物手术器械、手术部位的消毒。对病毒和细菌均有杀灭作用。

（4）含氯消毒剂。这类消毒剂溶于水后可产生有杀菌活性的次氯酸。常用的无机含氯消毒剂有漂白粉、漂白粉精、三合二等。有机含氯消毒剂有二氯异氰尿酸钠、氯胺 T、二氯异氰尿酸、双氯胺 T、卤代氯胺、清水龙。上述含氯消毒剂杀菌广谱，对细菌繁殖体、细菌芽孢、病毒及真菌都有杀灭作用，并可破坏肉毒杆菌毒素。

（5）其他化学消毒剂。①高锰酸钾。是一种强氧化剂，可以有效杀灭细菌、病毒和真菌，其 0.01%~0.1%的水溶液作用 10~30 分钟就可杀灭细菌繁殖体、病毒，并能破坏肉毒杆菌毒素。2%~5%的水溶液作用 24 小时，可杀灭细菌芽孢。常用于物品浸泡消毒、与甲醛混用进行畜舍熏蒸消毒。②氢氧化钠。是一种强碱性高效消毒药。生产上常用粗制火碱作为消毒剂，它具有消毒效果较好，价格便宜的优点。生产中常用于喷淋消毒和池水消毒。

（二）畜禽养殖场常规消毒管理

1. 养殖场消毒管理制度的建立

（1）全场或局部畜舍进行全进全出式消毒，消毒后空舍 1 周后再转入畜禽。

（2）养殖场生产区的门口设有消毒池，进入生产区时需踏消毒池而过，每栋畜舍的门外也有消毒池，进入畜舍进也需踏池而过，消毒池内的消毒液一般用 3%氢氧化钠或 3%来苏儿，消毒液应定时更换。

（3）畜舍门口的内侧放有消毒水盆，进入畜舍后需先进行洗手消毒 3 分钟，再用清水洗耳恭听干净，然后才可以开始工作。消毒水一般用 0.1%百毒杀或 1%的来苏儿，消毒水每隔 1 天更换 1 次。

（4）畜禽的饮水器、食槽、用具要定时消毒；粪池和解剖室要定期进行消毒；死尸和粪污要无害化处理。

（5）进入养殖场（尤其是鸡场和猪场）的工作人员或临时工作人员都要更换消毒服、鞋和帽后，才可以迈入生产区。消毒服每周消毒 1 次，也可穿着一次性塑料套服。消毒服限于在生产区内穿着，不能穿着走出生产区外。有条件的鸡场需先洗澡后，再更换消毒服。

（6）防疫用后的连续注射器要高压灭菌消毒；使用后的疫苗瓶要焚烧消毒；解剖后的畜禽尸体要焚烧消毒。

（7）畜禽场生产区和生活区分开，设置专门隔离室和兽医室，做好发端正时畜禽隔离、检疫和治疗工作，控制疫病范围，做好病后消毒净群等工作。

（8）当某种疾病在本地区或本场流行时，要及进采取相应防制措施，并要按规定上报主管部门，采取隔离、封锁措施。

（9）坚持自繁自养的原则，若确定需要引种，必须隔离 45 天，确认无病，并接种疫苗后方可调入生产区。

（10）长年定期灭鼠，及时消灭蚊蝇，以防疾病传播。

此外，养殖场所用的消毒剂应选用价格便宜，容易买到，在硬水中容易溶解，对人和畜禽比较安全，对用具和纤维织物没有腐蚀性或破坏性，在空气中稳定，没有令人不快的气味，没有残留毒性的消毒剂。而且，运送饲料的包装袋，回收后必须经过消毒，方可再利用，以防止污染饲料。

2. 畜禽舍的消毒方法

（1）鸡舍消毒方法。养鸡场中鸡舍的消毒是很重要的环节，只有掌握科学的消毒方法才能达到良好的消毒效果。①在鸡饲养期结束时，将鸡舍内的鸡全部移走，并清除散落在鸡舍内外的鸡只。清除鸡舍内存留的饲料，未用完的饲料不再存留在鸡舍内，也不应在另外鸡群中使用，可作为垃圾或猪料使用，然后将地表面上的污物清扫干净，铲除鸡舍周围的杂草，并将其送往堆集垫料和鸡粪处。②将可移动的设备运输到舍外，经清洗和阳光照射后，放置于洁净处备用。③用高压水枪冲洗舍内的天棚、四周墙壁、门窗及水槽和料槽，达到去尘、湿润物体表面的作用。用清洁刷将水槽、料槽和料箱的内外表面污垢彻底清洗；用扫帚刷除笼具上的粪渣；用板铲清除地表上的污垢，然后再用清水冲洗。反复2～3次，到物见本色为止。④鸡舍洗刷后，用酸性消毒剂和碱性消毒剂交替消毒，使耐酸的细菌和耐碱的细菌均能被杀灭。为防止酸碱消毒剂发生中和反应消耗消毒剂用量，在使用酸性消毒剂后，用清水洗冲后再用碱性消毒剂，冲洗消毒后要清除地面上的积水，打开门窗风干畜舍。⑤对鸡舍不平整的墙壁用10%～20%的氧化钙乳剂进行粉刷，同时用1千克氧化钙加350毫升水配成石灰粉末，撒在阴湿地面、笼下粪池内。在地与墙的夹缝处和柱的底部涂抹杀虫剂，以保证能杀死进入鸡舍内的昆虫。⑥鸡舍清洗干净后，紧闭门窗和通风口，舍内温度要求在18～25℃，相对湿度在65%～80%，用适量的消毒剂进行熏蒸消毒，消毒时间可达1～7天。

（2）猪舍的消毒方法。①健康猪场环境消毒。对健康猪场主要进行预防性消毒，现代化猪场一般采用每月1次全场彻底大消毒，每周1次环境、栏圈消毒。②感染场环境消毒。疫情活动期间消毒是以消灭病畜所散布的病原为目的而进行的消毒。其消毒的重点是病猪集中点、受病原体污染点和消灭传播媒介。消毒工作要尽早进行，每隔2天进行1次。疫情结束后，要进行终末消毒。对病猪周围的一切物品、猪舍、猪体表进行重点消毒。对感染猪场环境的消毒是消毒工作的重点和难点。

（3）人员的消毒管理。①饲养管理人员应经常保持自身卫生、身体健康，定期进行常见的人畜共患病检疫，同时应根据需要进行免疫接种，如发现患有危害畜禽及人的传染病者，应及时调离，以防传染。②为了保证疫病不由养殖场工作人员传入场内，凡在养殖场工作人员的家中不得饲养同类畜种，家属也不能在畜禽交易市场或畜禽加工厂内工作。从疫区回来的外出工作人员要在家隔离1个月方可回场上班。③饲养人员进入畜禽舍时，应穿专用的工作服，胶靴等，并对其定期消毒。饲养人员除工作需要外，一律不准在不同区域或其他舍之间相互走动。④任何人不准带饭，更不能将生肉及含肉制品的食物带入场内。场内职业工和食堂不得从市场购肉，吃肉问题由场内宰杀健康畜禽供给。⑤所有进入生产区的人员，必须坚持"三踩一更"的消毒制度。即：场区门前踏3%的火碱池、更衣室更衣、消毒液洗手，生产区门前消毒池及各畜禽舍门前消毒盆消毒后方可入内。条件具备时，要先沐浴、更衣、再消毒才能入畜禽舍内。⑥场区禁止参观，严格控制非生产人员进入生产区，若生产或业务必须，经兽医同意、场领导批准后更换工作服、鞋、帽，经消毒室消毒后方可进入。严禁外来车辆入内，若生产或业务必需，场身经过全面消毒后方可入内，场内车辆不得外出和私用。⑦生产区不准养猫、养狗，职工不得将宠物带入场内，不准在兽医诊疗室以外的地方解剖尸体。

常用消毒药的种类、性状及特点、应用浓度与方法见表2-4。

表2-4 常用消毒药的种类、性状及特点、应用浓度与方法

药物	性状或作用特点	应用浓度及方法
百毒杀（苯扎溴铵）	主要成份苯扎溴铵、双链季铵盐、促渗素等。本品为无色或淡白色的液体。	本品具有较强的杀菌力。可用于饮水消毒、带禽消毒、种蛋与孵化室消毒、肉品与乳品机械用具消毒、饲料用具及内外环境消毒。但要注意使用的剂量：本品按规定剂量使用对人畜无毒、无刺激性，但剂量过大、浓度过高，其毒性较大，故应严格按规定剂量使用，避免中毒。
甲醛溶液（福尔马林）	为40%甲醛水溶液，具异臭，有刺激性，久置能生成三聚甲醛而沉淀混浊。	具有强大的广谱杀菌作用，对细菌、芽孢、真菌和病毒均有效。按10毫升加水90毫升的比例用作渍浸尸体和固定保存标本，10%～20%溶液可治疗蹄叉腐烂、坏死杆菌病等；空间消毒（每立方米）可用15毫升加水20毫升，加热蒸发4小时即可。福尔马林熏蒸消毒法：按每立方米体积用福尔马林30毫升、高锰酸钾15克的量准备药物。将称量好的高锰酸钾预先放在一个瓷容器内，容器大小应为福尔马林用量的十倍以上，然后按用量加入福尔马林，两种药物混合后即挥发出甲醛气体，密闭熏蒸20～30分钟。消毒完毕后，打开通风设备，让甲醛气彻底消散。种蛋、孵化器、空间等常用此法消毒，可杀死蛋壳上95%以上的病原体。
氢氧化钠（苛性钠）	易溶于水和乙醇，易潮解，在空气中易吸收二氧化碳形成碳酸盐，应密封保存。	本品为强碱，对细菌、芽孢和病毒均有强大的杀伤力，1%～2%热溶液加5%生石灰，可作为细菌（如禽霍乱、鸭白痢等）或病毒污染的畜舍、场地、车辆等的消毒。本品对机体有腐蚀性，消毒厩舍时，应驱出畜禽，隔半天以水冲洗槽、地面后方可让畜禽进入。
氧化钙（生石灰）	为灰白色块状物，加水后变成粉状的熟石灰（即氢氧化钙）。	本品对一般细菌有一定程度的杀灭作用，但对芽孢无效；用10%～20%溶液（石灰乳）涂刷厩舍、墙壁、畜栏、地面或病畜排泄物进行消毒；石灰乳应现用现配；生石灰加适量水使其松散，撒布在阴湿地面、粪池周围及污水沟等处理行消毒，直接将生石灰粉撒在干燥地面，无消毒作用。
漂白粉（含氯石灰）	为灰白色粉末，有氯臭，微溶于水，遇酸或久置空气易分解失效。	5%～20%混悬液或粉剂可作传染病畜的厩舍、畜栏、排泄物、运输车辆、场地的消毒，每1000毫升水加0.3～1.5克漂白粉作饮水的消毒。漂白粉主要供饮水消毒用，每0.4克可消毒水约120千克。
过氧乙酸（过醋酸）	无色液体，易溶于水、酒精中；性质不稳定，45%浓度以上时易爆炸，浓度20%以下溶液则无此危险，故市售制品多为20%溶液。其稀释液只能保持药效3～7天，故应现用现配。	为强氧化剂，过氧乙酸杀菌作用快，具很强杀菌力，能杀死细菌、芽孢、真菌和病毒，0.1%过醋酸1分钟能杀死大肠杆菌和皮肤癣菌，0.5%浓度10分钟能杀死所有芽孢菌。过氧乙酸在消毒过程中就开始挥发，消毒后不留气味和痕迹，故适合于畜群、食品加工和食品（蛋、肉、水果等）的消毒，也可用于手术器械及废水的消毒。

左侧竖排：主要用于周围环境、用具、器械的消毒药

药物	性状或作用特点	应用浓度及方法
乙醇（酒精）	易挥发，易燃烧，能与水任意混合。	乙醇为常用消毒药；凡未指明浓度的，一律指95%的乙醇；70%或75%乙醇主要用于皮肤、手术部位、手指、体温计、注射针头或小件医疗器械的消毒；在急性关节炎、腱鞘炎、肌炎等可用浓乙醇涂擦和热敷。
碘	有升华性，难溶于水，易溶于碘化钾溶液中，溶于酒精（1：13）及甘油（1：30）。	碘有强大的消毒作用，能杀死细菌、芽孢、霉菌和　5%碘酊用作手术部位、注射部位、手指及新鲜创的消毒药，10%的浓碘酊用于腱炎、鞘炎、关节炎、骨膜炎等消炎，复方碘溶液常用于治疗黏膜的各种炎症如口炎、鼻炎、阴道黏膜等的炎症和溃疡。
碘仿	黄色有光泽的针状结晶粉末，难溶于水，能溶于酒精、醚及甘油。	碘仿甘油（由碘仿15克，甘油70毫升，加蒸馏水120毫升）用于化脓创的治疗 碘仿硼酸（1：9）、碘仿磺胺粉（1：9）常用于治疗创伤、溃疡、阉割的撒布。
硼酸	具有光泽，鳞片结晶性粉末，能溶于水，呈弱酸反应。	有较弱的抑菌作用，无杀菌作用；2%～4%溶液可冲洗各种黏膜，清洁新鲜创面，洗眼；30%硼酸甘油用于涂抹口腔及鼻黏膜的炎症等。
新洁尔灭（溴苄烷铵）	无色或淡黄透明液体，易溶于水，水溶液呈碱性，性质稳定，无刺激性，耐热，对金属、橡胶、塑料制品无腐蚀作用。	具有较强的消毒和去污作用，但对病毒效果差，对结核杆菌、霉菌、炭疽芽孢无效；0.1%溶液用作手（浸泡5分钟）、皮肤、手术器械、玻璃搪瓷等器具（浸泡30分钟以上）的消毒，0.01%～0.05%溶液用于黏膜（阴道、膀胱及尿道）及深部感染创伤口的冲洗消毒。使用本品时忌与肥皂、合成洗涤剂等合用。
洗必泰（双氯苯双胍己烷）	为白色结晶性粉末，稍溶于水（1：400）及酒精。	抗菌作用较新洁尔灭强；0.02%水溶液用于手的消毒（术前浸泡3分钟），0.05%的水溶液作创伤的冲洗，0.1%水溶液作器械的浸泡消毒，0.5%的水溶液做手术部位，手术室的医疗器械、手术室及病舍等的消毒。本品忌与肥皂、碱等同用，也不可与碘、高锰酸钾、升汞配伍。
过氧化氢溶液（双氧水）	无色无臭的澄明液体，遇光、热或久置均易失效，宜冷藏。	本品与组织有机物接触后，能放出分子氧（气泡）而发挥其防腐、除臭和清洁等作用。1%～3%溶液用于清洗恶臭的创伤，利用其气泡冲洗深部化脓创、瘘管等，机械地把小脓块、坏死组织从深部创伤中冲洗出去；0.3%～1%溶液可冲洗口腔。
高锰酸钾	深紫色结晶，能溶于水，溶液久置后失效，应现用现配。	为强氧化剂，遇有机物放出初生态氧；0.05%～0.2%溶液冲洗创伤、溃疡、黏膜等，0.01%～0.05%溶液洗胃，可与福尔马林一起进行熏蒸消毒。

（表格左侧竖排：主要用于皮肤黏膜的防腐消毒药）

实训二　畜禽养殖场舍的消毒方法

提供常用消毒药物，能够采用正确方法进行畜禽养殖场舍的消毒。

思 考 题

1. 雏鸡、育成鸡和产蛋鸡是怎样划分的？
2. 怎样养好雏鸡？
3. 育成鸡的管理要点有哪些？
4. 产蛋鸡的饲养管理要点有哪些？简述蛋鸡的产蛋规律？
5. 简述肉仔鸡的饲养管理要点？
6. 各类猪群是如何划分的？
7. 简述猪的生物学特性？
8. 怎样正确饲养种公猪？
9. 哺乳母猪的营养需要如何？
10. 哺乳仔猪有哪些生理特点？
11. 怎样使仔猪过好初生关？
12. 怎样给仔猪补铁和硒？
13. 怎样饲养断奶仔猪？
14. 新生犊牛应如何护理？
15. 泌乳牛应如何进行饲养管理？
16. 如何提高肉牛育肥效果？
17. 羊的饲养方式有哪几种？
18. 如何科学培育羔羊？
19. 如何正确制定蛋鸡的免疫程序？
20. 简述畜禽养殖场常用消毒药的种类、应用方法。

第三章 畜禽繁育

第一节　动物遗传基本规律的应用

　　分离规律、自由组合规律和连锁互换规律是遗传学的三个基本规律。它们揭示了生物遗传的基本原理，是了解生物遗传与变异的基础。本节主要了解动物遗传基本规律在畜牧生产中的应用。

一、分离规律

1. 分离规律

　　性状的分离是由于等位基因的分离造成的，控制相对性状的等位基因在异质结合状态下，各自独立，互不干扰。在形成性细胞时，等位基因彼此分离，分别进入到不同的性细胞中去，子一代含有不同基因的性细胞比例为 1 : 1，雌雄配子随机结合，子二代的基因型比例为 1 : 2 : 1，表型比为 3 : 1。

　　2. 分离规律在畜牧业生产中的应用

　　（1）判断动物基因型的纯或杂。基因型纯合的个体，性状能真实遗传；基因型杂合的个体，性状在自群繁育的后代中必然会出现分离，所以在动物育种中必须选择基因型纯合的个体做种畜。方法是：用被测种畜与隐性个体交配，后代如果全部表现显性，被测者为纯合体，否则即为杂合体。

　　（2）判断和淘汰有害基因携带者。有害基因多为隐性，杂合体表现不出来。通过测交或近交可以暴露有害基因，淘汰不良的隐性个体，清除隐患。

（3）明确性状间的显隐性关系。除明确性状间的显隐性关系，并预测后代分离类型的比例，提高选种效果。

二、自由组合规律

自由组合规律也叫独立分配规律。揭示的是两对或两对以上的等位基因分别载于不同对染色体时的遗传规律。它是分离规律的引伸和发展。

1. 自由组合规律

自由组合规律揭示的是：控制两对或两对以上相对性状的两对或两对以上的等位基因在杂合状态下，互不掺杂，互不融合，当产生性细胞时，等位基因独立分配，非等位基因之间自由组合。而且子一代雌雄配子的结合也是自由的，随机的。因此，子二代的基因型种类为 3^n，表现型种类为 2^n，F_2 表现型中不仅有亲本型，也有重组型，表型比为 $(3:1)^n$。

2. 自由组合规律在畜牧业生产中的应用

基因的自由组合是生物性状多样性的重要原因之一。根据自由组合原理，假定有 20 对相对基因，由于分离和组合，就会产生 3^{20} 种基因型的后代，显然这是生物多样性的主要源泉和变异的主要原因。

自由组合规律在杂交育种中的指导作用在于：①根据自由组合规律可以预测杂种后代出现优良新类型的大致比例，增强育种的预见性，更经济地设计试验群体的大小。例如，在讲述自由组合规律所举的杂交例子中，若想获得 30 只黑色长毛兔时，F_2 的群体含量至少要在 160 只以上（$30÷3/16=160$）。②根据自由组合原理，通过杂交可以把几个品种的优良性状综合在杂种后代身上，创造出理想的新类型。

三、连锁互换规律

1. 连锁互换规律

自由组合规律所揭示的是两对或两对以上等位基因分别载于不同对染色体上的遗传规律，当两对或两对以上等位基因共同存在于一对或少数几对染色体时，它们所控制的性状将以什么方式遗传，就是连锁互换规律所要解释的问题。

2. 连锁互换和伴性遗传在畜牧业中的应用

基因的连锁增加了生物遗传的稳定性，基因的交换丰富了生物的变异性，为杂交育种和选择创造了有利条件。例如，在育种中，根据交换率预测在多大的子代群体中才能产生所要求的基因组合，从而减少育种的盲目性。

根据伴性遗传的原理，在养禽业中已培育出许多自别雌雄的品种或品系，具有很高的实用价值。例如，鸡伴性银白色羽、金黄色羽的应用，就是根据其伴性银白色基因（S）对金黄色基因（s）呈显性，先培育出纯合的银白色品系和金黄色品系，再用银白色母鸡 Z^SW 与金黄色公鸡（Z^sZ^s）杂交，F_1（商品代）的公鸡为银白色，母鸡为金黄色，自别雌雄。如"星杂 579"、"罗斯"等蛋鸡配套系，早已大批量投入生产。另外，有的品系雏鸡出羽早晚也表现为伴性遗传，用出羽晚（慢羽显性）的母鸡和出羽早（快羽隐性）的公鸡杂交，F_1 出羽早（主翼羽在 1 日龄比复主翼羽长出 1/2 左右）的都是母鸡，出羽晚的都是公鸡。

另外，某些性状间的遗传相关是由于基因的连锁和一因多效造成的，利用经济性状间的遗传相关选种，可大大提高选种的效果。

第二节　种畜的鉴定

作为一头种畜，首先要求他本身的生产性能高，体质外形好，发育正常；其次还要求他的繁殖性能好，合乎品种标准，种用价值高。这六方面缺一不可，但最重要的还是在于其实际的种用价值。因为种畜的主要作用不在于能生产多少动物产品，而在于能否生产品质优良的后代。为达到此目的，就要求他不但本身的表型好，而且具有优良的遗传特性。种用价值的评定，就是对种畜遗传特性的鉴定，以便选择。

一、种畜生产力的鉴定

动物生产力是指动物生产各种动物产品的数量、质量及生产这些产品过程中利用饲料和设备的能力。动物育种的目的在于不断地提高动物的生产力。因此，必须切实了解动物的生产力及掌握生产力鉴定的方法。

1. 产肉能力

肉用家畜主要有：猪、牛、羊、马和兔等，肉用家禽有鸡、火鸡、鸭、鹅和鸽等。表示产肉能力水平的肉用指标很多，具体测定要求和项目视畜禽种类不同而有所差别，一般都有表示肉品数量、效应和质量的性能指标。如经济早熟性、日增重、饲料利用率和屠宰率等。

2. 产蛋能力

蛋用家禽种类有鸡、火鸡、鹅、鹌鹑等。表示产蛋能力水平的蛋用性能指标也很多，一般都有表示蛋品数量、效益和质量的性能指标。蛋品数量指标有个体产蛋数（或产蛋量，蛋鸡多用生后 500 天的产蛋数）、入舍禽群产蛋数（或产蛋量）等。蛋品效益指标有饲料利用率（或蛋料比）、每单位蛋品成本等。蛋品质量指标有蛋品品质、风味等。

3. 产乳能力

乳用的家畜种类有牛、水牛、羊、山羊、马、驼等。表示产乳水平的乳用性能指标有三种，即乳品数量、效益和质量。乳品数量指标有泌乳期的产乳量（乳牛每个泌乳期按 305 天计算）、干物质量，等等。乳品效益指标有饲料利用率（或乳料比）、每单位乳品成本等。乳品质量指标有乳脂率、乳蛋白率、干物质率和乳品风味等。

4. 产毛能力

绵羊和山羊，是主要的毛用家畜。产毛的数量指标有剪毛量、净毛量（或净毛率）。评定羊毛品质的指标有长度、细度、密度、匀度、弯曲度和强度等。裘皮与羔皮品质要求轻便、保暖、美观；具体从皮张面积、皮板厚薄、粗毛与绒毛比例、光泽、毛卷的大小与松紧、弯曲度以及图案结构等方面进行评定。

5. 繁殖能力

表示繁殖能力水平的性能指标在雄性各种畜禽都是一致的，主要观察度量雄性个体的性欲表现、交配能力、精液的数量和质量；在雌性则视畜禽种类不同有不同的观察度量方法。对雌性畜禽，单胎家畜繁殖性能综合指标有群体受胎率和繁殖率等；多胎家畜繁殖性能综合指标有年产窝数和窝产仔数等；家禽繁殖性能综合指标有种蛋受精率、孵化率和健雏率等。

二、种畜体质外貌鉴定

体质外貌是人们进行畜禽选种的直观依据，因为体质外貌是品种特征、生长发育的外在表现，又和生产性能有一定关系。所以，把体质外貌作为动物种畜禽选种不可忽视的依据之一。

1. 体质的概念及其类型

体质就是人们通常所说的身体素质，是动物个体的外部形态、生理机能和经济特性的综合表现，主要指与一定生理机能和经济特性相适应的身体结构状况。也就是毛、皮肤、脂肪、肌肉、骨骼和内脏等各部分组织在整个有机体结构中的相应关系。我们可以根据畜体外观对这种相对关系做出定性估计。

人们在生产实践中，根据实际情况，把动物体质分为五种类型。

（1）细致紧凑型。这种类型的动物外形清瘦、轮廓清晰，头清秀；皮薄有弹性，皮下结缔组织少，不易沉积脂肪，肌肉结实有力，骨骼细致而结实；角蹄致密有光泽，反应灵活敏感，动作迅速敏捷，新陈代谢旺盛。例如，奶用家畜、蛋用家禽和骑乘马等。

（2）细致疏松型。这种类型的动物体躯宽广短小，四肢比例小，全身丰满；结缔组织发达，皮下及肌肉内易积储大量脂肪，肌肉肥嫩松软，骨细皮薄；神经反应迟钝，性情安静；代谢水平较低，早熟易肥。肉用家畜多属于此类。

（3）粗糙紧凑型。这类动物体躯魁梧，头粗重，四肢粗大，中躯较短而且紧凑；皮厚毛粗，皮下结缔组织和脂肪不多，肌肉筋腱强而有力，骨骼较粗；建立了条件反射后不易消失；适应性和抗病力较强。役用家畜属此类。

（4）粗糙疏松型。此类动物皮厚毛粗，肌肉无力，易疲劳，骨骼粗大；神经反应迟钝；繁殖力和适应性差；是一种不理想的体质。

（5）结实型。此类动物外形健壮结实，体躯各部协调匀称，体质结实；皮紧而有弹性，厚薄适度，皮下脂肪不多，肌肉发达，骨骼结实而不粗；性情温顺，抗病力强，生产性能好。这是一种理想的类型，种用家畜应具有这类体质。

2. 外貌鉴定的方法

外貌即动物的外部形态，他不仅反映动物的外表，而且也反映动物的体质和机能。

外貌鉴定往往是选种工作中的第一道工序，在进行鉴定时，人与家畜要保持一定距离，一般以三倍于家畜体长的距离为宜。从家畜的正面、侧面和后面，看其体型是否与选育方向相符，体质是否结实，整体发育是否协调，品种特征是否典型，肢蹄是否健壮，有何重要失格以及一般精神表现。再令其走动，看其动作、步态以及有无跛行或其他疾患。取得一个概括认识以后，再走近畜体，依据各类品种的评分标准，对各部进行细致审查，最后根据印象进行分析打分，评出优劣。

外貌鉴定时，鉴定人要先有理想的标准，应在全面观察的基础上进行局部观察，把局部与整体结合起来，要注意膘情、妊娠及年龄等对外貌的影响。凡有窄胸、扁肋、凹背、尖尻、不正肢势、卧系以及单睾、隐睾、瞎乳头等严重缺陷的家畜，都不能留作种用。

三、种畜生长发育的鉴定

动物的生产能力和体质外貌都与种畜生长发育息息相关，一般日增重大的生产力就高。另外生长发育度量也较容易和客观，因此，生长发育状况是动物选种比较重要的依据之一。

衡量动物生长发育的主要方法是体尺测量和称重。

1. 体尺测量

体尺是动物畜体不同部位尺度的总称。在育种工作中，体尺测量常用的有四项：

（1）体高（或称鬐甲高）。是鬐甲顶点至地面的垂直距离。

（2）体长。从肩端至臀端的距离。猪的体长则是指两耳连线中点沿背线到尾根处的距离。

（3）胸围。沿肩胛后缘量取的胸部周径。

（4）管围。在左前肢管部上 1/3 处量取的水平周径。

2. 称重

称重是衡量动物生长发育简便而常用的方法。体重应当从小到大，定期称重，一般以初生重、断奶重和成年体重为必测项目，根据需要还可以加测其他年龄的体重。称重一般安排在早上饲喂前进行。同时要注意怀孕、泌乳、剪毛等因素的影响。在测量大动物时，可用公式间接估计。

总之，我们在选择种畜时，一定要选择群体中生长成绩最好的个体，当然在不同群体间进行种畜比较时，我们还应考虑各种影响生长发育的相关因素，诸如性别、年龄、母体大小、饲养管理、气候条件、自然地理等等因素。这些因素在不同程度上对家畜的生长发育产生影响，如片面的考虑生长发育，就不可能选择出真正好的种用家畜。

四、种畜的系谱鉴定

家畜育种工作中一项重要的日常工作是认真作好各种记录，诸如繁殖配种记录、产仔记录、定时称重、体尺测量、外貌鉴定、产量和饲料消耗等原始记录。这些原始记录还要转载到种公畜禽和种母畜禽的卡片上去。这些日常细致的工作是日后选种的重要依据。种畜卡片的重要内容之一是系谱。

1. 种畜系谱的构成

种畜系谱具有种畜证明书的作用，他记载动物种畜的编号、名字、生产成绩及鉴定结果。系谱上的资料来自于日常记录。系谱形式主要有以下两种类型：

（1）竖式系谱。竖式系谱就是按子代在上，亲代在下，公畜在右，母畜在左的格式，按次填写的系谱（表 3-1）。

表 3-1　竖式系谱各祖先血统关系（子代）

母				父			
外祖母		外祖父		祖母		祖父	
外祖母的母亲	外祖母的父亲	外祖父的母亲	外祖父的父亲	祖母的母亲	祖母的父亲	祖父的母亲	祖父的父亲

（2）横式系谱。他是按子代在左，亲代在右，公畜在上，母畜在下的格式填写而成的系谱。系谱正中可划一横虚线，表示上半部为父系祖先，下半部为母系祖先（表 3-2）。

表 3-2　横式系谱各祖先血统关系

		祖父	祖父的父亲
	父		祖父的母亲
		祖母	祖母的父亲
			祖母的母亲
被鉴定的种畜		外祖父	外祖父的父亲
	母		外祖父的母亲
		外祖母	外祖母的父亲
			外祖母的母亲

2. 系谱记录的内容

（1）质量性状。主要记录形态特征和有害损征的有无。形态特征主要是指畜禽个体的外部特征，不同品种、品系在毛色、冠型、耳型、有无角等都有统一的外部特征。形态特征不仅可以作为品种纯度的简单标记，也有经济价值，譬如毛、皮用畜禽的毛色选择特别重要，因此要系统记录个体的形态特征表型表现。有害损征主要指个体的遗传疾患，有害基因控制的有害性状多数是隐性遗传，特别在近交群体中更容易表现出来，凡携带有害基因的个体皆不宜留种使用。

（2）数量性状。主要记录体质外貌的评分和等级，主要生产性能及成绩，还有一些主要的体尺指标等。

3. 动物种畜系谱鉴定

系谱鉴定是通过分析各代祖先的生产性能、发育情况及其他材料，来估计种畜的近似种用价值。同时还可了解他们之间的亲缘关系，近交的有无和程度，以往选配工作的经验和存在的问题，为以后的选配提供依据。

系谱鉴定的方法是：将两个或两个以上系谱进行比较，以比较生产性能和外形为主，同时也要注意有无遗传缺陷者，有无近交和杂交情况。在进行比较时，要同代祖先相比，即亲代与亲代、祖代与祖代，父系与母系祖先分别比较，同时要注重近代祖先的品质。亲代影响大于祖代，祖代大于曾祖代。做过后裔鉴定的种畜要提级使用。

第三节　牛的繁殖技术

一、发情和发情鉴定

1. 初情期、性成熟与体成熟

初情期是指母牛初次发情或排卵的年龄。这时母牛虽有发情表现，但发情往往不完全，发情周期也不正常，而生殖器官仍在继续生长发育。

性成熟即是公母牛生长发育达到一定年龄，生殖器官发育基本完成。母牛具有成熟的卵子和排卵能力，并随之发情，如果在发情时配种可以受胎；公牛有成熟的精子，有性欲出现，具有配种的能力，这便为性成熟。奶牛一般为 9～10 月龄；肉牛为 7～10 月龄。

体成熟是指牛机体各器官、系统已发育到适宜于繁殖小牛的阶段。对于青年母牛来说，体成熟意味着机体的功能可以负担妊娠和哺育犊牛了。一般来说，性成熟早的母牛，体成熟也早，可以早点配种、产犊，从而提高母牛终生的产犊数并增加经济效益。

2. 母牛的发情

母牛到了性成熟的年龄，就有性活动的表现，出现所谓发情。发情有一定的周期性，即发情后如不交配或交配而未受胎，达一定时间后，又会出现发情。由上一次发情到下一次发情开始的间隔时间，叫做发情周期。牛的发情周期平均为 21 天。

母牛由发情开始至发情结束这段时间称为发情持续期。黄牛的发情持续期一般为 1～2 天。

母牛在发情期间有种种表现，其特点是：举动不安，鸣叫，食欲减退或不食，喜欢接近公牛，并接受公牛爬跨，在爬跨时母牛站立不动，举尾接受公牛交配。不发情的母牛，则没有此举动，当被公牛爬跨时，往往拱背逃走。发情的母牛也喜欢其他母牛爬跨或爬跨别的母牛，阴户红肿，排尿频繁，阴道内流出一些白色透明而黏滑的液体。这些表现，发情盛期比发情初期较为明显。

母牛到了发情后期，一般趋于恢复常态，即性欲减退，拒绝公牛的爬跨和交配，食欲也逐渐趋于正常。发情的母牛，虽有上面几种症状表现，但由于品种和个体的不同，其表现的程度也并非一样，一般黄牛和奶牛的发情症状较水牛明显。

发情鉴定采用观察法，每天不少于3～4次，主要观察性欲、黏液量和黏液性状，必要时检查卵泡发育情况。

二、配种

1. 初配年龄

牛达到性成熟年龄，并非配种的适龄，因为性成熟期比身体发育成熟期早。当性成熟时，身体的生长发育尚未完全成熟，所以只有当身体发育成熟后才能配种。过早配种，会影响公母牛的生长发育和健康，缩短利用年限，同时也会影响到胎儿的生长发育和体质，故不宜早配。但过迟配种也会降低繁殖率。何时开始配种较适宜，应视牛的生长发育情况而定。牛初配种时的体重以达到成年体重的70%左右为好。育成奶牛的初配年龄为15～18月龄，体重达320～350千克时开始配种。肉牛为18～20月龄。公牛一般满2岁才正式采精。

2. 配种时间

母牛的配种时间，与母牛的排卵及保持受精能力有关。母牛的排卵时间，黄牛与水牛不同，黄牛多在发情停止后4～15小时，水牛一般在10～18小时。卵子与精子受精的地方是在输卵管上部的三分之一（壶腹部）处。卵子在输卵管存活12～24小时，通过壶腹部的时间一般仅6～12小时，精子进入母牛生殖道内保持受精能力的时间约为30小时（24～48小时）。据此，配种较适宜的时间，黄牛多在发情开始后12～20小时内，水牛以在发情开始后24～36小时为宜，或发情后第二天下午配一次，第三天上午配一次。黑白花奶牛上午发情，当日傍晚配一次，第二天早上再配一次；下午发情的母牛，第二天早上配一次，下午或傍晚再配一次。母牛产犊后，一般约40～50天发情，也有早于40天的，但为了让母牛的子宫得到完全康复，一般是在产后40～60天发情配种。

3. 人工授精技术

牛的配种方法可分为自由交配，人工辅助交配和人工授精三种。前两种属于本交，较为落后。目前较为先进的人工授精技术是：通过人工的方法采集公牛的精液，经过检查和稀释，再用输精器将公牛的精液输入发情母牛的生殖道内，使卵子受精，繁殖后代，以代替公母牛自然交配方法。

人工授精比自然交配优越很多。人工授精能充分发挥良种公牛的作用，增加与之交配母牛的头数，扩大配种范围（一头公牛一年可配母牛达几千头，甚至上万头），防止生殖道传染病的传播。由于人工授精有很多优点，所以世界上大多数国家都广泛使用，我国奶牛也普遍采用人工授精，但本地黄牛和水牛采用人工授精尚未普及，正在逐步推广使用。

人工授精包括：采精→精液检查→精液稀释和保存（包括冷冻保存）→解冻→输精（采用冷冻精液则需经解冻）。

（1）采精。是用器械采取种公牛的精液。

（2）精液检查。采得的精液，应立即置于30℃左右的恒温水浴中，以防温度突然下降，对精子造成低温打击。检查时也要在20～30℃的定温下进行。检查的项目，主要包括精子的形态、活力、密度。

（3）精液稀释与保存。精液经检查后，还要进行稀释，其目的是增加精液的容量，提高公牛一次射精量的可配母牛头数，延长精液的保存时间，方便运输。一般稀释的倍数为5～10倍，使每毫升稀释精液中含有活精子2000万～5000万个。

精液稀释后即行保存，按保存温度，分为常温保存（5～20℃）、低温保存（0～5℃）、冷冻保存（-79～-196℃）。前两种的保存温度都在0℃以上，以液态形式保存，所以称液态精液。冷冻保存的温度大大地低于0℃以下，精液冻结，故称冷冻精液。冷冻保存是当前保存精液最好的一种方法。它可使保存的精液长期保存使用，即使公牛死亡，其已采得的精液，经冷冻保存，仍能应用，继续配种。这对促进牛的繁殖、育种工作有重大的意义。一般牛的冷冻精液存放于添加液氮的液氮罐内保存和运输。液氮罐结构见图3-1。

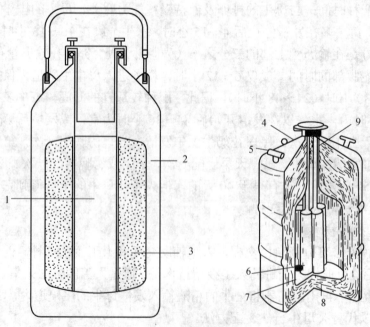

图 3-1   液氮罐结构

1—冷冻物存放区；2—真空和隔热层；3—吸湿层；4—罐外壳；5—手柄；6—提斗；7—罐内壳；8—优质隔热层；9—颈管

（4）输精。输精是指把一定量的优质精液准确地输到发情母牛生殖道内的适当部位。输精前应先将解冻液预升温至 38±2℃，然后取一粒冻精投入到 1～1.5 毫升解冻液中。解冻后进行精液品质检查，精子活力达 0.35 以上、直线运动精子数颗粒 1200 万以上、细管 1000 万以上方可输精。采用直肠把握子宫颈输精法输精。输精时机掌握在发情中、后期，一个发情期输精 1～2 次。

牛的输精量一般为 1～2 毫升，输入精子数一般为 2000 万～3000 万个，其中活动精子数不应少于 1500 万。

三、妊娠与分娩

1. 妊娠期

成熟的卵子与成熟的精子在输卵管相遇结合成为合子这就是受精。由受精开始，经过发育，一直到成熟胎儿产出为止，这段时间称为妊娠期。牛的妊娠欺期一般平均为 280 天。母牛妊娠后，为做好分娩的准备工作，应准确推算母牛的产犊期。推算方法为：按妊娠期 280 人计算，将交配月份减 3，配种日期加 6 即为预产期。如：某母牛 2001 年 5 月 12 日配种，可算出预产期为 2002 年 2 月 18 日。

2. 妊娠症状

母牛配种后，经过一、二个发情周期不再发情，可能是妊娠了。妊娠与非妊娠的母牛在外形和举动上有所不同。妊娠的母牛，性情变得安静、温顺、举动迟缓，放牧时往往走在牛群的后面，常躲避角斗和追逐，食欲好，吃草和饮水量增多，被毛光泽，身体渐趋饱满，腹部逐渐变大，乳房也逐渐胀大。母牛是否妊娠，除从母牛的外形和举动判别外，也可采用直肠检查方法，即母牛配种 60 天后，直肠触摸子宫角，如果子宫角扩大，便为妊娠。牛的妊娠诊断见图示 3-2。

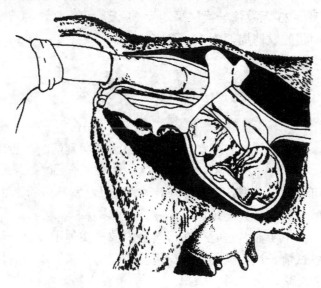

图 3-2　牛的妊娠诊断

3. 分娩

分娩是指成熟的胎儿、胎衣及其中的水分从子宫腔排出的一种生理过程。临近分娩的母牛，尾根两侧凹陷，特别是经产母牛凹陷更甚，乳房胀大，分娩前期1、2天内甚至可挤出初乳。外阴部肿胀，阴唇逐渐松弛、柔软，皱襞展开，阴道黏膜潮红，有透明的黏液由阴道流出。母牛时起时卧，显得不安，减食或不食，常作排粪尿状态，头不时回顾腹部。有这种情况出现，意味着分娩即将来临。这时应加强看护，并做好接产的准备。

胎儿的产出，一般为0.5～4小时，初产母牛产出胎儿的时间比经产母牛长些。胎儿产出后，子宫还在继续收缩，且有轻微的努责，以将胎衣排出。胎衣排出后，要及时拿走。胎衣排出的时间一般为5～8小时，最长不应超过12小时。若超过12小时后胎衣仍未排出，应按胎衣不下处理。

第四节　猪的繁殖技术

养猪场经济效益的好坏，其关键环节就是要搞好猪的繁殖。而猪的繁殖技术主要包括：母猪的发情、配种、妊娠、分娩。

一、母猪的发情

母猪从小长大，第一次出现发情的时间平均为140天。

母猪发情的特征：外阴部红肿，阴门流出黏液；精神不安，食欲减退；喜欢接近公猪；当公猪接近时，发出特异叫声，或在猪舍内来回走动，频频排尿，有时频频爬跨。

母猪一般每18～23天发情一次，平均为21天。我们把这种周期性发情的现象称为发情周期，即猪的发情周期为21天。

二、配种

（一）配种时间

母猪发情后，并不是任何时间都能配种，而必须做到适时，否则，就不能保证母猪受孕。

实际生产中可以这样掌握：我国地方品种，在母猪发情后的第2～3天配种；培育品种在母猪发情后的第2天配种。

有的母猪发情并不明显，这时可在母猪舍内放一头体重较轻、结扎了输精管的试情公猪，早晚各试情一次，当母猪被试情公猪爬跨并呆立不动时，即可将试情公猪赶走，用规定的公猪与母猪进行交配。

（二）配种方法

配种方式有自然交配（本交）与人工授精两种。本交又分为自由交配与人工辅助交配两种，生产中采用人工辅助交配最多。

1. 人工辅助交配

先把母猪赶到交配地点，再赶公猪。用 0.1% 的高锰酸钾水溶液擦洗母猪的阴门附近及公猪包皮周围，再用清水擦洗一遍即可。当公猪爬上母猪的背部后，再把母猪的尾巴拉向一侧，用另一只手握住公猪的包皮内的阴茎，将阴茎顺利导入母猪阴道内（图 3-3）。

母猪配种后要立即赶回原圈休息，以防精液倒流。

图 3-3　辅助公猪配种

2. 人工授精

人工授精技术是加速发展养猪业的有效的措施之一，其主要优点是：提高了种公猪的利用率，减少了种公猪的饲养头数；提高了受胎率；有利于精液远距离运输；实行精液冷冻技术，还可以长期保存优秀公猪的精液，能在以后若干年使用这些精液。人工授精的步骤有以下 3 个步骤：

（1）准备假台畜。

假台畜是按照母畜的体型高低、大小，用钢管或木料做成支架，支架上铺棉絮或泡沫塑料等，再包裹一层畜皮或麻袋即可。

在假台畜的后部，涂抹上发情母猪的黏液或尿液，诱导公猪爬跨假台畜。通常利用假台畜采精时，必须对公猪进行反复的调教，才能顺利进行采精（图 3-4）。

假台畜

图 3-4　公猪爬跨假畜台

（2）手握法采精。是目前采取公猪精液广泛使用的方法。采精员应将手洗净、消毒、擦干，或带上医用乳胶外科手套，然后将手握成空拳，当公猪爬跨假台畜阴茎伸出时，将阴茎导入空拳拳内，让其抽送转动片刻；再用手紧握阴茎龟头螺旋部分，随阴茎充分勃起时顺势牵伸向前，不让滑脱，手做有节奏的一紧一松的弹性刺激，直至引起公猪射精。公猪射精时，另一手持带有过滤纱布和保温集精瓶，收集精液。公猪射精停止，可按上法再次施加压力，即可引起公猪再次射精，直到公猪射精结束，自动从台畜下来为止（图3-5）。

图3-5　猪的手握法采集

（3）精液品质的检查。采精后可用肉眼对精液的精液量、色泽、气味以及其他方面做出鉴别。必要时可用显微镜对精液进行进一步检查。

（4）精液的稀释、保存。精液稀释是在采得的精液里，添加一定数量的、按特定配方配制的、适宜于精子存活的生理缓冲液。

精液稀释后就可用于输精了。

稀释好的精液，还可以做成颗粒状，放在液氮罐中，进行低温长期保存。液氮的温度为-196℃。

（5）输精。先将输精胶管涂以少许稀释液使之润滑，一手把阴唇分开，将输精胶管稍向斜上方插入阴道内1/3，再以水平方向推进，直至不能推进时，再经2~3次边旋转输精胶管边插入。大致判断输精胶管已进入子宫内，然后稍向外拉出一点，缓慢注入精液。注入精液感到有阻力或发生倒流现象时，应调整抽送或左右旋转输精胶管，再注入精液。输精完毕，缓慢抽出输精胶管并用手拍打母猪腰部，以防止精液倒流（图3-6）。

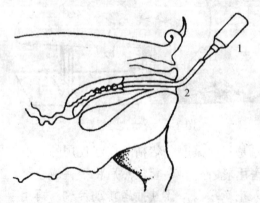

图3-6　母猪的输精

1—聚乙烯瓶；2—被子宫颈突起部分夹住的输精管

三、妊娠

发情母猪经配种后，进入妊娠阶段。

母猪的妊娠期平均为 114 天。这个数值有一个简单记忆法即：三三三法——母猪的妊娠期为 3 个月 3 个星期零 3 天。

预产期的推算：月加 4，日减 6。（每月按 30 天计）

例如，某头母猪 5 月 13 日配种，月份加 4（5＋4＝9），日减 6（13－6＝7），再减 3 个大月数（即从 5 月到 9 月完完全全经过 5 月、7 月、8 月 3 个大月）：7－3＝4，这头母猪的预产期是 9 月 4 日。

四、分娩

（一）母猪分娩前的准备

（1）为母猪准备好产房。产房要打扫干净，用 2% 的火碱水消毒，产房内的温度控制在 20℃ 以上。地面铺上清洁的垫草。

（2）准备好接产用具及药品。如照明灯、擦布、剪子、5% 的碘酒、结扎线等物品。

（二）接产与助产

接产员手臂应洗净，并有 2% 的来苏儿消毒，要做到以下三点：

（1）三擦一破。仔猪产出后，迅速擦干口、鼻、全身的黏液。如果发现胎儿包在胎衣内产出，应立即撕破胎衣，再抢救仔猪。

（2）断脐。仔猪产出后，有的脐带自然断开，有的未断。对未断的脐带，可将脐带断开，但要留得长一些，断头涂上碘酒。如果脐带因自然断开得过短而流血不止时，应立即用碘酒浸泡过的结扎线进行结扎。

（3）及早吃上初乳。产仔完毕后，应让所有仔猪一起及早吃上初乳。

在接产过程中，当羊水流出，母猪用力时间较长，仔猪就是生不下来时，可能发生难产。遇到这种情况，应请有经验的兽医进行助产。必要时就要实施剖腹产。

第五节　绵羊的繁殖技术

羔羊长到七、八月龄进入性成熟时期，性器官发育完全。公羔精子成熟，有性行为；母羔出现第一次发情，能排卵受胎。性成熟的年龄一般不等于开配的年龄。到 12～18 月龄达到体成熟时期。初配年龄一般指体成熟年龄。在温暖地区，性成熟年龄比较早，一般在 4～6 月龄性成熟，8 月龄就可配种。

一、母羊的发情

母羊的配种季节，通常是指发情旺季的一段时期。母羊春季产羔，到六、七月间身体恢复并开始上膘，有的开始发情；到九月或十、十一月间达到发情旺季。发情时间平均能持续 30 小时（24～36 小时），发情后没有配上的，再隔 16 天（14～19 天）重新发情（一个发情周期）。发情期间，母羊食欲减退，鸣叫不安，外阴肿胀充血，愿意接受其他发情母羊的爬跨，作出交配姿势。羊群中如混有公羊，母羊会自动接近公羊或尾随公羊的后面进行交配。性欲旺盛的试情公羊，可以准确地找出发情的母羊。母羊发情后 24～30 小时，将近终止发情时才排卵。妊娠期平均为 150 天（146～160 天）。

配种前几个星期要加强母羊的饲养管理，把母羊转到品质好的草场去放牧，或一天补加 200 克精料。让母羊发情时间集中，增加排卵数，提高双羔率。加强饲养半个月后，在母羊群中放入公羊。一头公羊一般可承担 30 头母羊的配种任务。

二、配种

公母羊混群饲养后，可以任其自由交配。但要经常观察公羊的配种能力。也可以采取白天分出公羊，早晚公母羊再合群，让公羊有一定的休息时间。或平时将公母羊分群饲养。每日早晚用试情公羊挑选出发情母羊，将其单独分开，再与指定的公羊交配。如果母羊群大，可采用人工授精技术。

选择配种日期应注意三点：一是产羔期不宜选在天气多变的月份；二是断奶前后羔羊能吃上青草；三是利于羔羊当年越冬。

三、妊娠

母羊产前要加强护理。产前 5～6 个星期（胎儿生长完成了 70%），母羊爱卧歇，要让母羊多运动，不鞭打猛赶，不跳越障碍。羊圈保持地面干燥，周围安静，让母羊休息反刍。

临产前两周，要修剪尾根附近、乳房周围和后股内侧的毛。修剪时，切不要伤乳头，特别是一岁母羊的乳头还不发达，更要谨慎。母羊分娩时需要安静，如受惊扰，容易引起母羊不恋羔。

做好羊圈的消毒工作，挖出圈内陈粪，垫上新褥草，墙面和墙角用 10%石灰水或 5%克辽林喷雾消毒。产房要保暖，不潮湿，无异味，安静。

四、分娩

母羊临产前，乳房明显膨大，乳头直立，外阴红肿，有稠黏液，肷窝下陷，起卧不安，前肢刨地，鸣叫不食，经常回头看腹部，最后卧倒不起，呻吟，后肢伸直。这时就要做好接羔的准备工作。

正产时，在母羊的胎膜破后几分钟到 30 分钟，就产出羔羊。产时，最先露出羔羊前蹄，蹄掌向下，按着露出夹在两前肢间的头嘴部，头颅通过外阴后，全躯顺利产出。

一般正产母羊不需要助产。有时羊膜破裂，羊水已经流出，但胎儿不下，须进行人工助产。助产前，应弄清楚是什么样的胎位异常，没有作出结论不要下手助产。助产时要谨慎，切忌粗鲁。

如果母羊外阴露出一前肢，另一前肢屈曲在内，这时，先用泡在消毒液中的毛巾将手臂擦干净，涂上凡士林，集拢手指，徐徐伸入产道。第一步是触诊产道内是单羔，还是双羔，如手触到胎儿的鼻部，表明是双羔。则将远位胎儿后推，再让母羊顺胎儿屈肢一侧卧下。胎儿的屈肢在最上位时，用手掌包握住胎儿蹄掌，拉直屈肢，使其进入产道，再矫正头位。羔羊娩出后放在母羊鼻下。第二胎儿一般正产，不用助产。待第二胎儿娩出，擦去口鼻黏液同第一羔一起放在母羊头前。如果母羊外阴露出两前肢，但胎头折转，助产时应先让母羊卧下，使胎头向下，再将两前肢推回，由母羊重产。如仍不能正产，将胎儿向里推送，矫正头位，配合母羊用力，顺势朝下往外轻拉。

羔羊出生后，握住羊嘴，抹净口腔、鼻和耳内的胎水和黏液。人工断脐时，应先固定脐带，顺羔羊腹部方向挤压脐带中血液（不拉动脐带），在离羔羊腹部 7～8 厘米处撕断脐带，然后用碘酒消毒。

胎儿正常娩出，单胎为 5～10 分钟，双胎的两胎间隔 10～15 分钟，最长的也有达 15～20 小时。有时母羊因难产，延长了分娩的时间，羔羊生下无呼吸，四肢不动，呈假死状态。这时，应立即擦净口、鼻黏液，对准羔羊口吹气，再断脐带，迅速用毛巾轻擦全躯，并引母羊舐羔羊；用手轻拍羔羊的肋部，或以最快的速度放在冷水中浸泡一下，刺激肺部，使欲恢复呼吸，再将羔羊放在母羊头前。难产母羊产后身体疲乏，不要急于扶起。必要可以徐徐灌服半杯温水，水中加入 30～60 克蜂蜜、30～50 毫升白酒和两片阿司匹林，起提神兴奋作用。天冷时，在母羊站起来活动之前，先给羔羊喂些温牛奶，下面垫厚草。这些动作要在母羊跟前做完，绝不要抱走羔羊，以防母不认子。待母羊站立行动后，将母子一齐移入育羔室。

母羊在野外产羔要及时领回。将羔羊抱起，面朝母羊，缓步后退，边引边领母羊回圈。

母羊舐干羔羊后，应给母羊饮温水和喂给优质干草。羔羊出生后应尽快吃到初乳。

实训三 猪的人工授精技术

提供必备设备及公母猪，会进行猪的人工授精技术。

思 考 题

1. 动物遗传有哪三个基本规律？其在畜牧业生产中的应用如何？
2. 种畜生产力的鉴定有哪些指标？
3. 牛的配种有几种方法？人工授精有哪些优点？
4. 什么叫妊娠？如何推算预产期？
5. 如何为新生仔猪接产与助产？
6. 母羊分娩前有哪些征兆？

第四章 养殖场的建设与管理

【知识目标】
　　1. 了解养殖场选址的基本方法。
　　2. 了解养殖场内的基本设施建设。
【技能目标】
　　1. 会确定场内养殖畜禽的数量。
　　2. 能够进行经济核算和效益分析。

第一节　养殖场规划布局

一、养殖场规划

（一）畜牧场的分区规划原则

（1）在体现建场方针、任务的前提下，做到节约用地。

（2）全面考虑畜禽粪尿、污水的处理利用。

（3）合理利用地形地物，有效利用原有道路、供水、供电线路及原有建筑物等，以减少投资，降低成本。

（4）为场区今后的发展留有余地。土地征用要满足畜牧场所需面积，确定场地面积可参考表 4-1。

表 4-1　养殖场所需场地面积参数

牧场性质	规　模	所需面积（平方米/头·只）	备　注
奶牛场	100～400 头成乳牛	160～180	
繁殖猪场	100～600 头基础母猪	75～100	按基础母猪计
肥猪场	年上市 0.5 万～2.0 万头肥猪	5～6	本场养母猪，按上市肥猪头数计
羊场		15～20	
蛋鸡场	10 万～20 万只蛋鸡	0.65～1.0	本场养种鸡、蛋鸡笼养，按蛋鸡计
蛋鸡场	10 万～20 万只蛋鸡	0.5～0.7	本场不养种鸡、蛋鸡笼养，按蛋鸡计
肉鸡场	年上市 100 万只肉鸡	0.4～0.5	本场养种鸡，肉鸡笼养，近存栏 20 万只肉鸡计
肉鸡场	年上市 100 万只肉鸡	0.7～0.8	本场养种鸡，肉鸡平养，按存栏 20 万只肉鸡计

（二）养殖场的功能区及其划分

养殖场通常分为：管理区、生产区、隔离区三个功能区，在进行场地规划时，主要考虑人、畜卫生防疫和工作方便，考虑地势和当地全年主风向，来合理安排各区位置（图4-1）。

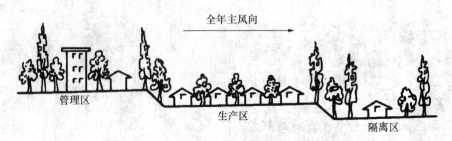

图 4-1　畜牧场各区依地势、风向配置示意图

1. 管理区

包括行政和技术办公室、车库、杂品库、更衣消毒和洗澡间、配电室、水塔、宿舍、食堂、娱乐室等。是担负畜牧场经营管理和对外联系的区域，应设在与外界联系方便的位置。场大门设于该区，门前设消毒池，两侧设门卫和消毒更衣室。车库、饲料库应设在该区靠围墙设置，车辆一律不得进入。也可将消毒更衣室、饲料库设在该区与生产区隔墙处，场大门只设车辆消毒池，可允许车辆进入管理区。有家属宿舍时，应单设生活区，生活区应设在管理区的上风向、地势较高处。

2. 生产区

包括各种畜舍、饲料储存、加工、调制等建筑物。是畜牧场的核心区域，应设于全场的中心地带。规模较小的畜牧场，可根据不同畜群的特点，统一安排各种畜舍。大型的畜牧场，则进一步划分种畜、幼畜、育成畜、商品畜等小区，以方便管理和有利于防疫。

（1）商品畜群。如奶牛群、肉牛群、肥育猪群、蛋鸡群、肉鸡群、肉羊群等。这些畜群的产品要及时出场销售，管理方式多采用高密度和较高的机械化水平。这些畜群的饲料、产品、粪便的运送量相当大，因而与场外的联系比较频繁。一般将这类畜群安排在靠近大门交通比较便捷的地段，以减少外界疫情向场区深处传播的机会。奶牛群为便于青绿多汁饲料的供给，还应使其靠近场内的饲料地。

（2）育成畜群。指本场培育的青年畜群，包括青年牛、后备猪、育成鸡等。这类畜群应该安排在空气新鲜、阳光充足、疫病减少的区域。

（3）种畜群。是畜牧场中的基础群，应设在防疫比较安全的场区深处，必要时，应与外界隔离。

以鸡场为例，鸡舍的布局应根据主风方向按下列工艺流程顺序配置，即孵化室、幼雏舍、中雏舍、后备鸡舍、成鸡舍。即孵化室在上风向，成鸡舍在下风向，这样能使雏鸡舍得到新鲜的空气，从而减少发病机会，同时，也能避免由成鸡舍排出的污染空气造成疫病传播。

不同畜群间，彼此应有较大的卫生间距。国外有些场可达 200 米之远。

干草、垫料堆放场，应安排在生产区下风向的空旷地方。注意防止污染，并尽量避免场外运送干草、垫料的车辆进入生产区。

3. 隔离区

包括病畜隔离舍、兽医室、尸体剖检和处理设施、粪污处理及储存设施等。是畜牧场病畜、污物集中之地，是卫生防疫和环境保护工作的重点，应设在全场下风向和地势最低处。为运输隔离区的粪尿污物出场，宜单设道路通往隔离区。

二、养殖场建筑物的合理布局

（一）建筑物的排列

畜牧场建筑物一般横向成排（东西），竖向成列（南北）。排列的合理与否，关系到场区小气候、畜舍的光照、通风、建筑物之间的联系、道路和管线铺设的长短、场地的利用率等。

畜牧场建筑物的排列可以是单列、双列或多列（图 4-2）。如果场地条件允许，应尽量避免建筑物布置成横向狭长或竖向狭长，因为狭长形布置势必造成饲料、粪尿运输距离加大，管理和工作联系不便，道路、管线加长，建场投资增加。如将生产区按方形或近似方形布置，则可避免上述缺点。

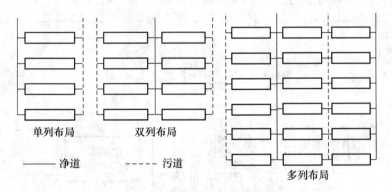

图 4-2　畜牧场建筑物排列布置模式图

（二）建筑物的位置

确定每栋建筑物和每种设施的位置时，主要考虑它们之间的功能关系和卫生防疫及工艺流程的要求。

1. 功能关系

是指建筑物及各种设施之间，在畜牧生产中的相互关系。在安排其位置时，应将相互有关、联系密切的建筑物和设施相互靠近安置，以便于生产联系（图4-3）。

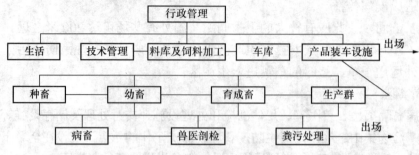

图4-3　畜牧场各类建筑物和设施之间功能关系模式图

2. 卫生防疫

考虑卫生防疫要求，应根据场地地势和当地全年主风向，尽量将办公室和生活用房、种畜舍、幼畜舍安置在上风向和地势较高处，商品畜舍可置于下风和相对较低处，病畜舍和粪污处理设施应置于最下风和地势低处。因此，可利用与主风向垂直的对角线上的两"安全角"，来安置防疫要求较高的建筑物。

3. 工艺流程

（1）猪生产工艺流程。通常根据猪的繁殖过程来确定，其流程为种猪配种——妊娠——分娩哺乳——育成——育肥——上市。因此，应按照种公猪舍、空怀母猪舍、妊娠母猪舍、分娩舍、保育舍、育肥舍、装猪月台等建筑物和设施，按顺序靠近安排。这样，不但有利于防疫，有利于管理，而且可以避免猪场过于集中给环境控制和粪污处理带来的压力。整个工艺流程图参见图4-4。

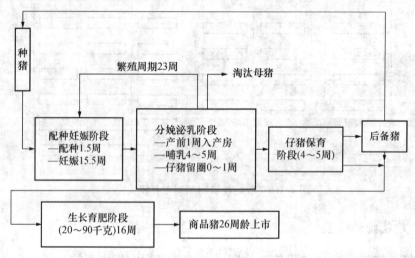

图4-4　猪生产工艺流程图

对于10万头以上规模较大的猪场，通常考虑以场为单位实行全进全出。

（2）鸡生产工艺流程。是根据鸡一生中经历的几个时期划分的，即0～6周龄为育雏期，7～20周龄为育成期，21～76周龄为产蛋期。不同时期，由于鸡的生理状况不同，对环境、设备、饲养管理、技术水平等方面都有不同的要求。此外，不同性质的鸡场，其工艺流程也有所不同（图4-5）。

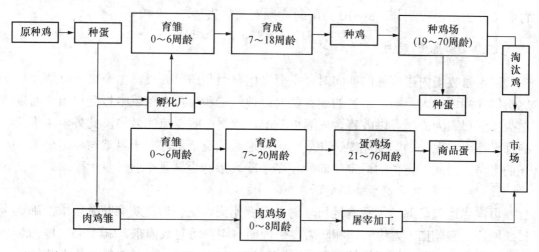

图 4-5　各种鸡场的生产工艺流程

因此，鸡场应分别建立不同类型的鸡舍，以满足鸡群生理、行为及生产等方面的要求，最大限度地发挥鸡群的生产潜能。

养鸡场的孵化室和育雏室，对卫生防疫要求较高，因为孵化室的温湿度较高，是微生物的最佳培养环境；同时孵化室排出的绒毛、蛋壳、死雏等污染周围空气和环境也较为严重。因此，对于孵化室的位置应主要考虑防疫安全，不能强调种鸡舍、育雏舍的功能关系。大型养鸡场最好单设孵化场，小型养鸡场也应将孵化室安置在防疫较安全、又不污染全场的地方，并设围墙或隔离绿化带与其他建筑物隔离。育雏室对防疫要求也较高，且因某些疾病在免疫接种后需较长时间才产生免疫力（如马立克、鸡痘苗需2～3周），如与其他鸡舍靠近安置，则易发生免疫力产生之前的感染。因此，大型鸡场应单设育雏室，小型鸡场的育雏室则应与其他鸡舍保持一定距离，并设围墙与其他鸡舍隔离。

（3）牛生产工艺流程。养牛生产工艺流程中，将牛的一生划分为犊牛期（0～6月龄）、青年牛期（7～15月龄）、后备牛期（16月龄至第1胎产犊前）及成年牛期（第1胎至淘汰）。成年牛期又可根据繁殖阶段进一步划分为妊娠期、泌乳期、干奶期。其牛群结构包括犊牛、生产牛、后备母牛、成年母牛。整个生产基本按如下工艺流程进行。

初生犊牛→（2～6月龄断奶）→1.5岁左右性成熟→2～3岁体成熟（18～24月龄第1次配种或采精）→妊娠（10个月）→第1次分娩、泌乳→分娩后2个月，发情、第2次配种→分娩前2个月干奶→第2次分娩、泌乳→……淘汰。

现代奶牛生产中，普遍采用人工授精技术，一般奶牛场不养公牛。通常按一定区域建立种公牛站，将种公牛集中饲养，后备公牛由良种牛场通过严格选育提供或从国外引进。

肉牛生产工艺一般按初生犊牛（2～6 月龄断奶）→幼牛→生长牛（架子牛）→育肥牛→上市进行划分。8～10 月龄时，须对公牛去势。

（三）建筑物的朝向

确定畜牧场内建筑物的朝向时，主要考虑日照和通风效果。由于畜舍纵墙面积比山墙（端墙）大得多，畜舍的适宜朝向以使纵墙和屋顶在冬季多接受日照，而夏季少接受日照为原则，以改善舍内温度状况，取得冬暖夏凉的效果。此外，由于门窗都设在纵墙上，冬季冷风渗透和夏季舍内通风状况，都取决于纵墙与冬、夏季主风的夹角。因此，畜舍的适宜朝向应使冬季冷风渗透少，夏季通风量大而均匀。

1. 根据日照来确定畜舍朝向时

可向当地气象部门了解本地日辐射总量变化图，结合当地防寒防暑要求，确定日照所需适宜朝向。无论防寒和防暑，畜舍朝向均以南向或偏东、偏西 45°以内为宜。这样冬季可使南墙（纵墙）和屋顶接受较多的辐射热，而夏季接受辐射热较多的是东西山墙，故冬暖夏凉；东西向的畜舍与此相反，导致冬冷夏热。

2. 考虑畜舍通风要求来确定朝向时

可向当地气象部门了解本地风向频率图，结合防寒防暑要求，确定通风所需适宜朝向。

（1）如果畜舍纵墙与冬季主风向垂直，则通过门窗缝隙和孔洞进入舍内的冷风渗透量很大，对保温不利；如果纵墙与冬季主风向平行或形成 0°～45°夹角，则冷风渗透量大为减少，从而有利于保温（图 4-6）。

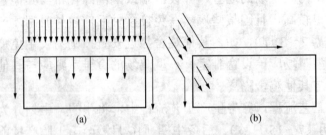

图 4-6　畜舍朝向与冬季冷风渗透量的关系

(a) 主风与纵墙垂直，冷风渗透量大；(b) 主风与纵墙成 0°～45°角，冷风渗透量小

（2）如果畜舍纵墙与夏季主风向垂直。则畜舍通风不均匀，窗墙之间造成的旋涡风区较大；如果纵墙与夏季主风向形成 30°～45°夹角，则旋涡风区减少，通风均匀，有利于夏季防暑，排除污浊空气效果也好（图 4-7）。

（四）建筑物的间距

两栋相邻建筑物纵墙之间的距离称为间距。确定畜舍间距主要考虑日照、通风、防疫、防火和节约占地面积。间距大，前排畜舍不致影响后排采光，并有利于通风排污、防疫和防火，但会增加占地面积；间距小，可节约占地面积，但不利于采光、通风和防疫、防火，影响畜舍小气候。

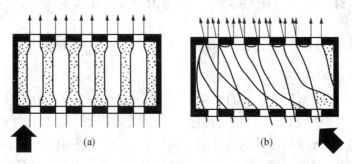

图 4-7 畜舍朝向与夏季舍内通风效果

(a) 主风与纵墙垂直，冷风渗透量大；(b) 主风与纵墙成 0°～45°角，冷风渗透量小

（1）根据日照确定畜舍间距。为了使南排畜舍在冬季不遮挡北排日照，一般可按一年内太阳高度角最低的冬至日计算，而且应保证冬至上午 9 时至下午 15 时这 6 个小时内使畜舍南墙满日照，这就要求间距不小于南排畜舍的阴影长度，而阴影长度与畜舍高度和太阳高度角有关。朝向为南向的畜舍，当南排舍高（一般按檐高计算）为 H 时，要满足北排上述日照要求，在北纬 40°（如北京）地区，畜舍间距约为 2.5H，北纬 47°地区（黑龙江齐齐哈尔市）则需 3.7H。事实证明，畜舍间距保持檐高的 3～4 倍，就可以保证我国绝大部分地区冬至 9～15 时南墙满日照。在北纬 47°～53°的黑龙江和内蒙古地区，畜舍间距可酌情加大。

（2）根据通风要求来确定适宜间距。为了使下风的畜舍不处于上风畜舍的旋涡风区内，有利于卫生防疫，既不影响下风向畜舍的通风，又可免受上风向畜舍排出的污浊空气的污染。试验证明，当风向垂直于畜舍纵墙时，旋涡风区最大，约为其檐高 （H）的 5 倍（图 4-8）；当风向与畜舍纵墙不垂直时，旋涡风区缩小。事实表明，畜舍间距为 3～5H 时，即可满足通风排污和卫生防疫要求。

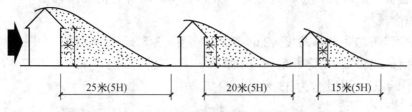

图 4-8 风向垂直于纵墙时畜舍高度与旋涡风区的关系

（3）根据建筑物的材料、结构和使用特点确定防火间距 畜舍建筑一般为砖墙、混凝土屋顶或木质屋顶并做吊顶，耐火等级为二级或三级，防火间距为 6～8 米。

综上可知，畜舍间距不小于 3～5 米，基本满足日照、通风、排污、防疫、防火等要求。

第二节　定型畜舍（鸡舍）建筑设计简介

一、开放型鸡舍建筑设计

1．鸡舍特点

开放型鸡舍采用自然通风、自然采光和太阳辐射、畜体代谢热采暖等自然生物环境条件来满足鸡的生活环境。鸡舍侧壁上半部全部敞开，以半透明的或双幅塑料编织布做的双层帘或双层玻璃钢多功能通风窗为南北两侧壁围护结构，通过卷帘机或开窗机控制启闭开度和檐下出气孔组织通风换气。利用出檐效应和地窗扫地风及上下通风组织对流，增强通风效果，达到鸡舍降温的目的。接收太阳辐射热能的温室效应和内外两层卷帘或双层窗，达到冬季增温和保温效果。

2．适用范围

无论是蛋鸡和肉鸡，还是不同养育阶段的鸡（雏鸡、育成鸡、产蛋鸡）均可适用；全国各地鸡场均可选用，尤以太阳能资源充足的地区冬季效果最佳。

3．效益情况

与传统的封闭型鸡舍相比，土建投资节约 1/4～1/3。在日常管理中大幅度节电，为封闭型用电的 1/5～1/20。

4．鸡舍建筑结构

根据不同地区和条件，有两种构造类型：砌筑型和装配型。砌筑型开放鸡舍，有轻钢结构大型波状瓦屋面，钢混结构平瓦屋面，砖拱薄壳屋面，混凝土结构梁、板柱、多孔板屋面；还有高床、半高床、多跨多层和连续结构的开放型鸡舍。装配式鸡舍复合板块的复合材料也有多种：有金属镀锌板、金属彩色板、铝合金板、玻璃钢板及高压竹篾胶合板等；芯层（保温层）有聚氨酯、聚苯乙烯等高分子发泡塑料，以及岩棉、矿渣棉、矿石纤维材料等。装配式鸡舍的构配件有专业厂家生产。

5．鸡舍规格

该鸡舍建筑均为 8 米跨度，2.6～2.8 米高度，3 米开间，鸡舍长度视成年鸡舍的容鸡量所定的鸡位数，与之相应配套。如按 3 层鸡笼两列整架 3 条走道布列，为 5376 个鸡位（图 4-9）。育雏舍为 33 米长，育成舍为 54 米长。

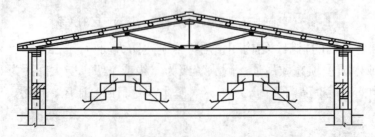

图 4-9　三层笼养蛋鸡开放型自然通风鸡舍

二、封闭型鸡舍

这种鸡舍是养鸡场常见的一种类型，采光、通风、温控和湿控多为人工控制环境。常见的有 3 层和 4 层高密度高床笼养。如北京市俸伯养鸡场为 4 层高密度笼养，甘肃省兰州鸡场为高床 3 层笼养（图 4-10）。

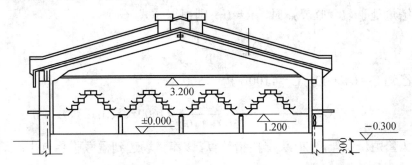

图 4-10　封闭型蛋鸡舍剖面（单位：毫米，标高为米）

封闭型鸡舍的光照为人工照明，免受自然光干扰，从而可根据产蛋曲线控制光照。封闭型鸡舍通风系统所有的开口，采用纵向通风，风机安装孔洞、应急窗、进气口等均需要有遮光装置，以便有效地控制鸡舍光照。另外，每日清粪、及时烘干防止恶臭、使用乳头饮水器能控制好鸡舍环境。

第三节　养殖场的成本核算

生产成本是指畜牧生产单位生产一定数量的某种畜产品所支出的各种物化劳动和活劳动的货币表现。企业生产成本分为固定成本和变动成本两大类。固定成本是指在一定时期内，总额不随产销量的增减而变动的成本，如固定资产折旧费；变动成本是指在一定时期内，总额随产销量的增减而变动的成本，如饲料、药品、燃料支出等。生产总成本为固定成本与变动成本之和。

成本核算是指对企业原材料供应过程、生产过程和销售过程中各项费用支出和实际成本形成所进行的会计核算。

一、养猪场适度经营规模的确定

某养猪场全年固定成本支出为 64 万元，每出栏 1 头育肥猪的变动成本为 1100 元，每头出栏猪平均售价为 1500 元，平均每头繁殖母猪年产 20 头出栏猪。

（一）确定盈亏临界点生产规模

计算公式：S = PQ　　（1）式中：S—收入　　P—售价　　Q—产量
　　　　　Y = F + CQ　　（2）式中：Y—总成本　F—固定成本　C—变动成本

公式（1）－（2），得

$R = S - Y = PQ - (F + CQ) = (P - C)Q - F$　　（3）式中：R—盈利额

根据公式（3），得

$$Q = \frac{R + F}{P - C} \tag{4}$$

当产销量处于盈亏临界点时，R＝0，则根据公式（4），得

$$Q_{临界} = \frac{F}{P - C} \tag{5}$$

解：已知 F＝640000，C＝1100，P＝1500

$$Q_{临界} = \frac{F}{P - C} = \frac{640000}{1500 - 1100} = 1600（头出栏猪）$$

按每头繁殖母猪年产 20 头出栏猪计算，该养猪场达到盈亏临界点生产规模需饲养繁殖母猪 80 头。

（二）确定安全规模产销量

当畜牧企业的产销量越过盈亏临界点产销量时，企业开始盈利，产销量超过盈亏临界点越多，企业盈利就越大，经营状态就越安全。

通常我们把超过盈亏临界点 30%的实际产销量称为"安全规模"产销量，用 $Q_{安全}$ 表示。

因为：

$$\frac{Q_{安全} - Q_{临界}}{Q_{临界}} \times 100\% = 30\% \tag{6}$$

根据公式（6），得

$$Q_{安全} = 1.3 \times Q_{临界} = \frac{1.3 \times F}{P - C} \tag{7}$$

根据上例，该养猪场的安全规模产销量为：

$$Q_{安全} = \frac{1.3 \times F}{P - C} = \frac{1.3 \times 640000}{1500 - 1100} = 2080（头出栏猪）$$

按每头母猪年产 20 头出栏猪计算，该养猪场达到安全规模产销量需饲养繁殖母猪 104 头。

（三）确定目标利润产销量

前面推导的公式（4）即为目标利润产销量公式：

$$Q_{利润} = \frac{R + F}{P - C}$$

上例中，该养猪场若要实现盈利 56 万元，R＝560000，出栏猪数量应为：

$$Q_{利润} = \frac{R+F}{P-C} = \frac{560000+640000}{1500-1100} = 3000（头出栏猪）$$

按每头母猪年产 20 头出栏猪计算，该养猪场需饲养繁殖母猪 150 头。

计算结果：该猪场饲养 80 头繁殖母猪，可实现盈亏平衡；

饲养 104 头繁殖母猪，可达到安全规模产销量；

饲养 150 头繁殖母猪，可实现计划利润 56 万元。

由上例可见，只要固定成本、变动成本和产品售价不变，即可在盈亏平衡的基础上适度扩大生产规模，增加产品产量，达到安全经营和计划的利润指标。

此外还要注意，即使畜牧业企业现有的经营规模适度，也要注意产品的及时推销，若销路不畅，造成产品滞销，就会导致变动成本增高，影响收入，同时，不能忽视畜禽品种质量、饲料质量、饲养管理技术、环境条件控制和企业经营管理等因素对产量及效益的影响。

二、养殖场成本核算的方法

1. 养猪场成本核算

参见本节四案例。

2. 养鸡场成本核算

（1）基本鸡群的成本核算。基本鸡群的主产品是鸡蛋，副产品是淘汰鸡和鸡粪等。从基本鸡群的全部饲养费用中减去副产品价值，即为主产品总成本，除以鸡蛋产量，即为主产品的单位成本。

$$每千克鸡蛋成本 = \frac{基本鸡群饲养费用-副产品价值}{鸡蛋总产量}$$

（2）幼鸡和育肥鸡的成本核算。幼鸡和育肥鸡的主产品是增重，副产品是育肥鸡所产的蛋及鸡粪等。从幼鸡和育肥鸡的全部饲养费用中减去副产品价值后，再除以增重，即为增重单位成本。由于幼鸡和育肥鸡数量多，增重称量比较麻烦，一般只计算每只幼鸡和育肥鸡的成本。计算公式如下：

$$每只幼鸡或育肥鸡的成本 = \frac{该鸡群期初全部价值+购入和转入的价值+本期饲养费用-副产品价值}{期末存栏只数+期内离群只数（不包括死鸡）}$$

（3）人工孵化成本核算。人工孵化生产过程是从种蛋入孵至雏鸡孵出一昼夜为止。主产品是孵出一昼夜成活的雏鸡，副产品是废蛋。从全部孵化的费用中减去副产品价值后，再除以成活一昼夜的雏鸡只数，即为每只雏鸡的成本。

$$每只雏鸡成本 = \frac{全部孵化费用-副产品价值}{成活一昼夜的雏鸡只数}$$

养鸡场也需要计算鸡群饲养日成本，用以考核饲养工作的质量。其计算方法与养猪场相同。

3．养牛场成本核算

养牛场分为奶牛养殖场和肉牛养殖场。现以奶牛养殖场为例说明成本核算方法。

（1）基本牛群的成本核算。主产品是牛奶和繁殖的牛犊，副产品是厩肥和脱落的牛毛。从基本牛群的全部饲养费用中减去副产品价值，即为主产品成本。由于基本牛群的主产品有牛奶和牛犊两种，因此还需要把主产品的全部成本在两种主产品之间进行分配。根据测算，母牛在生产牛犊前100天内消耗在牛犊发育上的饲料单位，相当于母牛正常生长状况下生产100千克牛奶消耗的饲料单位，所以通常将一头牛犊折合为100千克牛奶。

$$每千克牛奶成本=\frac{基本牛群饲养费用-副产品价值}{牛奶总产量+出生牛犊头数×100}$$

每头牛犊成本=100×每千克牛奶成本

牛奶总成本=牛奶总产量×每千克牛奶成本

牛犊总成本=出生牛犊头数×每头牛犊成本

（2）犊牛群和幼牛群的成本核算。主产品是增重（或生长量）、副产品是厩肥及死牛的皮毛等。计算这两个牛群的成本，要分别计算增重成本、活重成本和饲养日成本，其计算方法与幼猪和育肥猪基本相同。

三、降低畜产品成本的主要途径

降低畜产品成本不外乎增产增收和节约两个方面，主要途径是：

（1）提高畜产品质量。畜牧企业必须始终注重提高畜产品的质量，以质量占领市场，扩大市场销售份额，通过增加销售带动生产，从而降低单位畜产品的生产成本。

（2）实行科学饲养。采用先进的科学技术和设备，不断培育和引进优良种畜和种禽，提高畜禽个体产品率、饲料转化率和劳动生产率。同时，科学地预防畜禽疾病，降低畜禽的死亡率。

（3）调动劳动者的积极性。节约活化劳动消耗，防止无效劳动是降低畜产品成本的重要途径。

（4）提高资金的使用效率。通过提高固定资产的利用率，加速流动资产的周转，降低资金的使用成本，进而降低畜产品成本。

（5）严格控制非生产性开支。畜牧企业应根据生产规模实行定额管理，精减管理人员，节约非生产性开支。

四、养猪场生产成本的核算方法

某养猪场年初存栏母猪140头，公猪7头。

全年生产断奶仔猪2160头，活重43200千克，断奶仔猪猪粪收入5000元。

年初存栏育肥猪750头，活重36000千克，成本324000元。全年转入生长育肥猪2160头，活重43200千克。全年销售育肥猪2600头，活重234000千克。全年育肥猪猪粪收入 19500 元。全年死亡育肥猪 5 头，活重 200 千克，残值 2000 元。年末存栏育肥猪 310 头，活重 17800 千克。

该养猪场断奶仔猪成本和育肥猪成本核算的方法如下：

（1）成本核算对象。某养猪场断奶仔猪成本和育肥猪成本。

（2）归集费用。按核算对象（断奶仔猪和育肥猪）和项目，归集所有费用（见表 4-2）。

表 4-2　某养猪场全年生产成本费用统计表（单位：万元）

成本费用	费用内容	断奶仔猪	育肥猪	合计
直接费用	固定资产折旧费	3.6	6.0	9.6
	产畜摊销费	10.0	17.0	27.0
	工资和福利费	2.4	9.6	12.0
	饲料费	16.0	90.0	106.0
	畜禽医药费	0.8	0.4	1.2
	燃料、动力费	1.8	0.6	2.4
	固定资产修理费	0.4	0.6	1.0
	低值易耗品	0.1	0.2	0.3
	其他直接费用	0.1	0.4	0.5
	直接费用小计	35.2	124.8	160.0
间接费用	经营管理人员的工资、福利费	4.4	15.6	20.0
	生产经营中的折旧费、修理费、低值易耗品摊销			
	经营中的水电费、办公费、差旅费、运输费、劳动保险费、检验费			
	季节性、修理期间的停工损失			
	土地开发费摊销			
	其他间接费用			
总计		39.6	140.4	180.0

（3）分摊间接费用。

选择按直接费用分摊的方法对间接费用进行分摊：

$$断奶仔猪间接费用分摊额 = \frac{断奶仔猪直接费用}{直接费用总额} \times 间接费用总额$$

$$= \frac{35.2}{160} \times 20 = 4.4（万元）$$

（4）计算总成本。

断奶仔猪总成本 = 35.2+4.4 = 39.6（万元）

育肥猪总成本=124.8+15.6=140.4（万元）

（5）断奶仔猪活重单位成本。表示断奶仔猪每千克活重所花费的饲养费用。

断奶仔猪活重单位成本＝（断奶仔猪总成本－猪粪收入）÷断奶仔猪活重
=(396000-5000)÷43200=9.05（元/千克）

（6）生长肥育猪增重单位成本。表示在生长肥育期每增重1千克所消耗的饲养费用。

生长肥育猪增重总成本=育肥猪总成本-猪粪收入=1404000-19500=1384500（元）

生长肥育猪总增重=年末存栏重+全年销售重+全年死猪重-全年转入重-年初存栏重=17800+234000+200-43200-36000=172800（千克）

生长肥育猪增重单位成本=生长肥育猪增重总成本÷生长肥育猪总增重=1384500÷172800=8.01（元/千克）

（7）生长肥育猪活重单位成本。对于生产育肥猪的养猪场来说，这是一个衡量饲养管理水平高低的重要指标。

生长肥育猪活重总成本＝年初成本＋转入成本＋增重成本－死猪残值=324000+(396000-5000)+(1404000-19500)-2000=2097500（元）

生长肥育猪的活重量=年末存栏重+全年销售重=17800+234000=251800（千克）

生长肥育猪活重单位成本=生长肥育猪活重总成本÷生长肥育猪的活重量=2097500÷251800=8.33（元/千克）

实训四 养殖场的效益分析

提供某养猪生产规模，会进行猪场的经济核算和效益分析。

思 考 题

1. 畜牧场的分区规划原则是什么？
2. 养殖场通常分为哪几个区域？如何合理规划各区位置？
3. 如何进行开放型鸡舍建筑设计？
4. 如何进行养殖场成本核算？
5. 如何确定畜牧场内养殖畜禽的数量？
6. 简述降低畜产品成本的主要途径。

参 考 文 献

[1] 王庆民，宁中华. 家禽孵化与雏禽雌雄鉴别. 北京：金盾出版社，2008.12

[2] 杨惠芳. 养禽与禽病防治.北京：中国农业大学出版社，2006

[3] 李蕴玉. 三黄鸡饲养一月通. 北京：中国农业大学出版社，2001

[4] 杨全明. 简明肉鸡饲养手册. 北京：中国农业大学出版社，2002

[5] 常泽军. 无公害农产品高效生产技术丛书肉鸡. 北京：中国农业大学出版社，2006

[6] 侯引绪. 奶牛防疫员培训教材. 北京：金盾出版社，2008

[7] 侯引绪. 奶牛繁殖技术. 北京：中国农业大学出版社，2007

[8] 侯引绪. 奶牛疾病诊断与防治. 赤峰：内蒙古科学技术出版社，2004

[9] 李宝林. 猪生产. 北京：中国农业出版社，2001

[10] 杨公社. 猪生产学. 北京：中国农业出版社，2002

[11] 王佩琦. 企业财务主管. 北京：北京工业大学出版社，2000

[12] 邱有璋. 羊生产学. 北京：中国农业出版社，2002

[13] 张京和. 畜牧业经营管理. 北京：中国农业出版社，2002

[14] 葛素洁，杨洁. 现代企业管理学. 北京：经济管理出版社，2001

[15] 张戟，司志刚. 营销整合不是营销组合. 销售与市场，2001（6）

[16] 徐飚. 市场调查学. 北京：北京工业大学出版社，2002